姚卫星 编著

飞行器设计与工程专业导论

Introduction to Speciality of Flight Vehicle Design and Engineering

航空航天工程类专业规划教材

National Defense Industry Press

图书在版编目(CIP)数据

飞行器设计与工程专业导论 / 姚卫星编著.
—北京：国防工业出版社，2016.2
航空航天工程类专业规划教材
ISBN 978-7-118-10433-2

Ⅰ.①飞… Ⅱ.①姚… Ⅲ.①飞行器—设计
—高等学校—教材 Ⅳ.①V47

中国版本图书馆CIP数据核字 (2016)第019785号

飞行器设计与工程专业导论
姚卫星 编著

出版发行 国防工业出版社
地址邮编 北京市海淀区紫竹院南路 23 号 100048
经　　销 新华书店
印　　刷 北京市嘉恒彩色印刷有限责任公司
开　　本 710×1000 1/16
印　　张 6¾
印　　数 1—2700 册
字　　数 115 千字
版 印 次 2016 年 2 月第 1 版第 1 次印刷
定　　价 38.00 元

国防书店：(010) 88540777　　发行邮购：(010) 88540776
发行传真：(010) 88540755　　发行业务：(010) 88540717

前言 Preface

编著《飞行器设计与工程专业导论》一书源自教学的需要。本专业的导论课程自2011年起为本科生开设，1个学分，目的是引导学生了解专业，并期望对学生的后续选课有所帮助。但对于这门课究竟应该如何上、讲授哪些内容等，教师们的想法并不一致。课程开设初期，8次课堂教学分别由5~6名不同专业方向的教师授课，既无教学大纲也没有教材，教学过程和教学质量因人而异，难以把控。

编著本书主要有两个难点需要妥善处理。一是本科一年级的学生对于大学氛围刚有一点体会，但对于专业还十分模糊，对于专业知识更是知之甚少，这给如何编写16学时的专业导论课教材带来了挑战，因为按本科一年级的知识状况，4个学时的专业介绍就足够了，16学时必定会涉及本专业较深的一些知识，而这些知识对他们而言不太容易接受。二是本专业的专业方向较多，并且不同方向之间的差别还较大，如何圈定专业方向的范畴又是一个挑战。本书在编著过程中采用了下述三个方法应对以上两个难点。

(1) 简介与专业的协调。作者希望本书不仅对本科四年的选课起较大的指导作用，同时对学生以后从事设计和研究工作也能有一点启发。如果仅为知道如何选课，学习第 1 章和第 2 章就基本够了，但如果想知道今后选择什么专业方向或者从事什么样的研究工作，那么应该学好第 3 章至第 5 章。

(2) 普遍与特殊的协调。尽管飞行器的种类很多，但从“宽口径、厚基础、重能力”的培养思路出发，飞行器设计与工程专业的基础知识是相同的。因此本书从飞行器设计与工程专业比较普遍认同的定义出发，介绍飞行器设计和工程的专业范畴。如飞行器的控制、制导等方面的大部分内容并没有列入本专业的范畴，因为另有其他专业包含这些，但与飞行器平台相关的部分则列入了本专业的范畴。

(3) 一般与特色的协调。不同种类的飞行器在设计方面的侧重点差别较大，不同培养单位的飞行器设计与工程专业有其自身的特色和传统，本书通过介绍专业发展趋势和我校的特色来平衡这种差别。

本书的编著得到了徐国华教授和顾怡教授的大力帮助。徐国华教授编写了 3.4.3 节，并审阅了全书，提出了很好的修改建议；顾怡教授不仅收集整理了大量的文献资料，还校对了全书。对他们的贡献表示衷心的感谢。

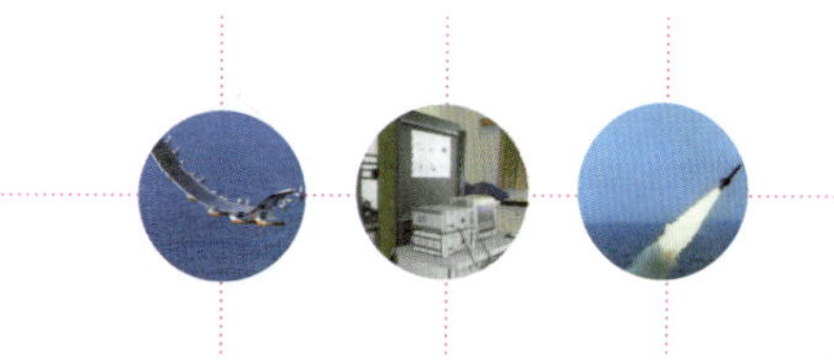

在本书的编著过程中，参考了不少国内外的文献资料和有关教材，在此对所有原作者表示诚挚的感谢。

本书是国内首次编著的飞行器设计与工程专业导论教材，其取材、论述、论据等方面或存在不当之处，衷心希望读者批评指正。

姚屹星

2015.1 于东华湖畔

目录 Contents

第1章 专业概况

“飞行器设计与工程专业导论”是一门飞行器设计与工程专业的重要入门课程。本课程从宏观角度系统地介绍了飞行器设计与工程专业的内涵、涉及的范畴、专业和学科体系、专业在国民经济和国防建设中的地位、专业的发展趋势，重点介绍飞行器设计与工程专业的知识结构和培养方案，并简要介绍飞行器设计师应具备的专业素质和能力以及南京航空航天大学在飞行器设计领域的优势研究方向。

本章主要介绍飞行器设计与工程专业的发展历史、专业内涵、专业涉及的范畴及其在国民经济和国防建设中的地位。

1.1 飞行器

1.1.1 飞行器的定义与分类

自然界中介质的状态分为固态、液态、气态、真空和“离子态”，其中“离子态”原则上属于气态，不过是气体原子内的电子脱离了原子核的吸引而形成自由电子和正离子，此状态又叫作等离子态。

在不同介质中运动的物体被赋予了不同的名称。在液态“水”中航行的物体被称为“水面或水中航行器”，在气态“空气”中飞行的物体被称为“航空器”，在“（似）真空”中飞行的物体则被称为“航天器”。此处所说的“物体”指的是“人造器具/机器”。航空器和航天器总称为飞行器（flight vehicle）。飞行器的基本分类见表1.1，传统意义上的飞行器，如飞机、直升机、火箭、导弹、人造卫星等，大家比较熟悉，此处不再赘述。

表 1.1　飞行器的基本分类

大气飞行器（航空器）	轻于空气的飞行器	气球	自由气球	冷气球		
				热气球		
			系留气球			
		飞艇	按艇身结构还可分为硬式、软式、半硬式等			
	重于空气的飞行器	有翼飞行器	定翼飞行器	飞机	有人驾驶	有正常式、鸭式、无尾式等构型
					无人驾驶	
				滑翔机	动力滑翔机	
					无动力滑翔机	
			动翼飞行器	旋翼飞行器	旋翼机	
					直升机	单旋翼带尾桨
						共轴双旋翼
						非共轴双旋翼（横列、纵列、交叉）
						涵道螺旋桨
				扑翼机		
				倾转旋翼		
		无翼飞行器	火箭	化学能动力	固体推进剂	
					液体推进剂	
					固液混合体推进剂	
				核能动力		
				电能动力		
				光子能动力		
			导弹	弹道式	按射程可分为近程、中程、远程、洲际等	
				巡航式	按作用可分为战略、反舰、战术对地攻击、袭扰等	
			气垫飞行器			
			飞行平台			
宇宙飞行器（航天器）	载人航天器	载人飞船				
		航天飞机				
		空间站				
	无人航天器	人造卫星	按运行轨道可分为顺行、逆行、赤道、极地等			
		星际探测器	按探测对象可分为月球、行星、太阳、彗星、宇宙等			
	运载火箭	化学能动力				
		核动力				

目前，随着材料科学、制造科学、电子科学、信息科学等科学技术的进步，新概念飞行器层出不穷，飞行器的概念远比表 1.1 所列要丰富，有些飞行器已经不宜按传统的类别给予归类。其中，有的是不同飞行器的飞行原理、控制方式的结合体。例如，由同一介质（大气）中运动的飞机升力系统和直升机升力系统组合而产生了倾转旋翼飞行器，直升机升力系统和飞机飞行控制方式组合而产生了电控旋翼飞行器，飞艇/气球浮力和旋翼升力系统组合产生了浮空器，升力系统和飞行控制方式时变的变体飞行器，等等，如图 1.1 所示。有的可在不同介质中运动，如在不同空天交界空间（稀薄空气介质）中运动的临近空间飞行器，其中一类采用了航空器的升力系统，另一类则采用了航天器的升力系统，如图 1.2 所示；又如在水空交界空间（液－气介质）中运动的地效飞行器、气垫船、潜射反舰导弹等，如图 1.3 所示；在水空天三介质中运动的潜射战略导弹等，如图 1.4 所示。有的采用新构型，如联结翼飞机、变体飞行器、模块化飞行器等，如图 1.5 所示。也有的采用了不同于已有飞行器的升力原理，如扇翼飞机、乘波体飞行器、Coanda 效应飞行器等，如图 1.6 所示。还有的采用了新型动力系统，如太阳能飞行器、超燃发动机飞行器、人力飞机等，如图 1.7 所示。……

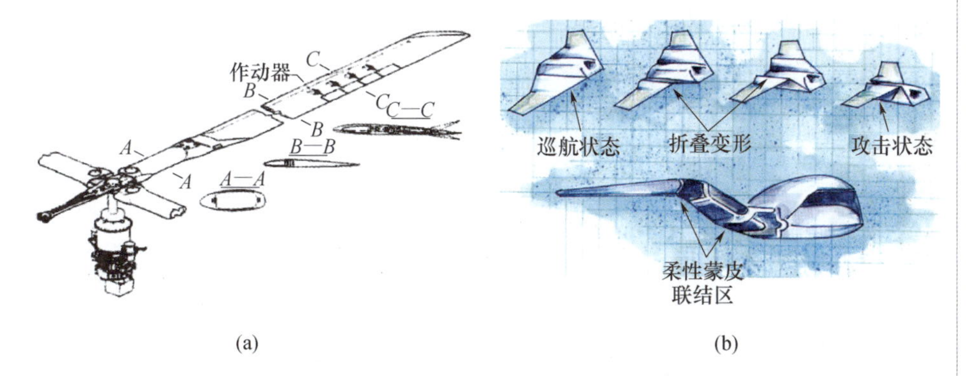

图 1.1 新概念航空器举例（概念方案）

（a）电控旋翼；（b）一种变体概念飞机。

图 1.2 临界空间飞行器举例（试验机）

(a)

(b)

(c)

图 1.3　液—气介质飞行器举例

（a）地效飞机；（b）气垫船；（c）潜射反舰导弹。

Ⅰ型C4　Ⅱ型D5

(a)

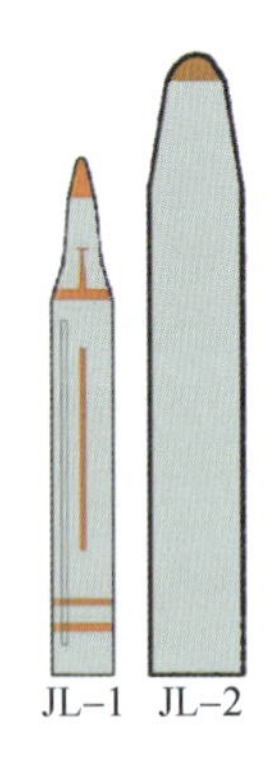

(b)

图 1.4　水空天三介质飞行器举例

（a）美国的三叉戟潜射战略导弹；（b）中国的巨浪潜射战略导弹。

1.1.2　飞行器设计与分析

飞行器的研发按其时间历程一般要经历技术要求拟定、方案设计、详细设计、原型机试制、批量生产等阶段，设计工作贯穿了整个飞行器研发过程。不同类型的飞行器因其批量问题，过程会略有不同。飞机研发的一般过程如图 1.8 所示。狭义地讲，飞行器设计包括了概念设计、初步设计和详细设计三个阶段，但实际上部分飞行器设计人员必须参与整个研发过程。

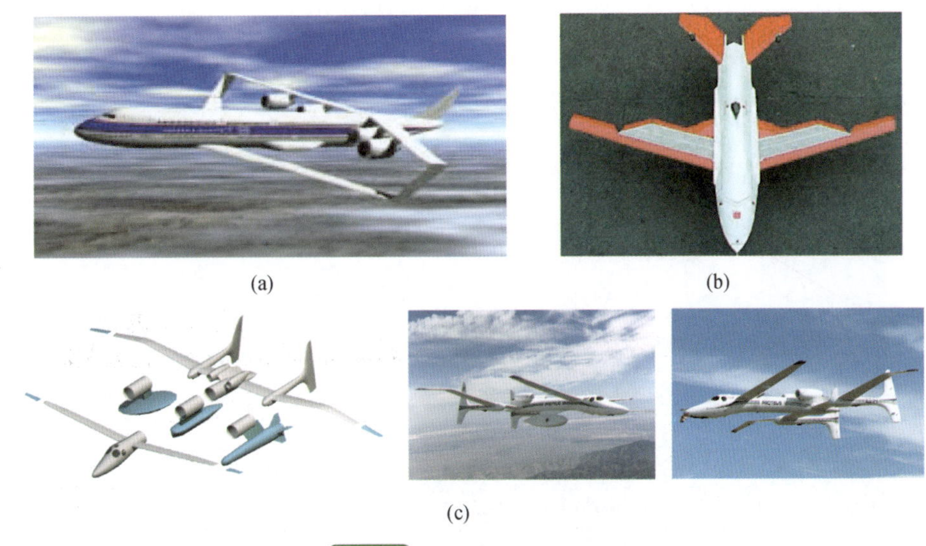

图1.5 新构型飞行器举例

(a) 联结翼飞机（概念方案）；(b) 变体飞机（概念方案）；(c)“海神号”模块化飞机（试验机）。

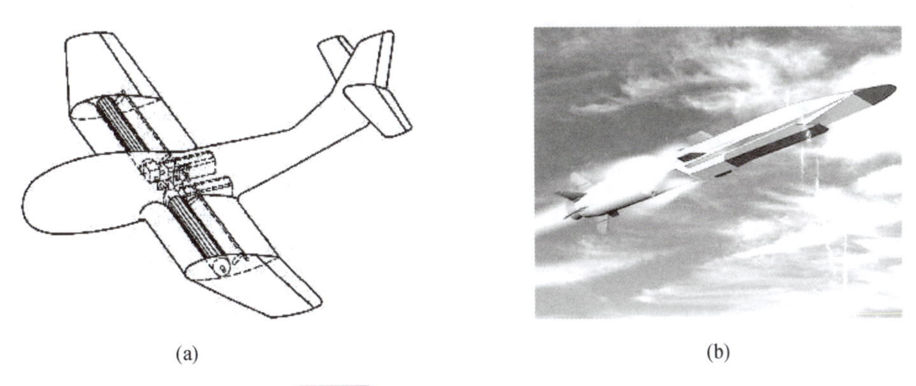

图1.6 新升力系统飞行器举例

(a) 扇翼机（模型）；(b) X-51A 乘波体飞行器（试验机）。

关于“设计”一词的定义目前尚无统一的标准，本书将“设计”定义为“技术文件”的拟定。设计是一种创造性的工作。技术文件包括了图纸、设计报告、计算报告、试验报告、说明书等。飞行器是一种复杂的机器，飞行器设计就是将飞行器的构思变成产品实体的技术文件的拟定。

完美的设计离不开科学性和创造性。飞行器设计的基本理论与方法是其科学性的体现，没有这些基本理论与方法的指导，现代飞行器设计是无法进行的。任何产品的设计从其产品构思到设计方案，再到详细设计均不存在“唯一正确”的标准答案，设计过程体现了设计师的创造性劳动。

图 1.7 新型动力系统飞行器举例——太阳能飞机

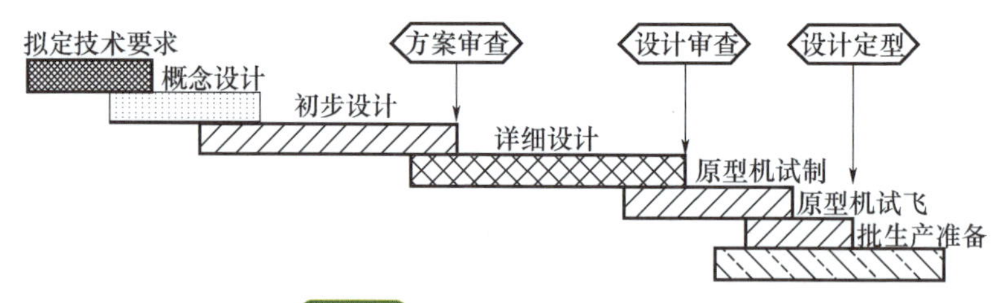

图 1.8 飞机研发的一般过程

飞行器设计过程是一个不断追求完美的过程。一个型号的飞行器，其整个研发过程通常要历时数年到十多年，少数型号甚至二十多年。期间，飞行器设计理论和方法在不断发展、进步，与飞行器设计相关的众多学科也会有很大发展，因此飞行器设计之初要考虑到技术进步的因素，协调和融合好飞行器的技术现实与技术发展。同时飞行器设计的实践又为飞行器设计理论与方法的研究提出了源源不绝的新课题，推动着飞行器设计理论与方法的发展。

“分析”是一个含义比较广泛的词，本书将“分析”定义为对事物的性能、属性、行为等加以考察的认识活动。分析的动机是寻找客观的规律，分析的目的在于发现事物的本质和事物各部分之间的关系。飞行器的分析是指对已“存在”的飞行器进行计算、比较、校对、验证等。

分析是针对某种已存在的事物进行考察，而设计是创造出某种目前世界上不存在的产品。飞行器设计离不开众多客观规律的指导，将各种客观规律和工程实践相结合就形成了系列的设计规范、指南、准则、理论和方法。飞行器设计实践又为分析提供了分析对象。

1.1.3 系统工程与关键技术

飞行器是一种产品。与其他任何一种产品一样，飞行器要经历孕育、诞生、成长、衰老、死亡等寿命全过程。

飞行器又是一种复杂的机械产品。其往往要肩负多种任务，有着各种各样的性能和品质的要求，其中还有很多要求之间是相互矛盾的；飞行器又涉及众多的学科，且大多数学科之间有着耦合关系。飞行器的研发需要考虑飞行器全寿命周期的使用安排，需要协调各种各样的矛盾，需要梳理错综复杂的关系，因此飞行器的研发是一个系统工程，在飞行器设计阶段要从飞行器整体性能最优的角度指导设计工作。

“系统工程”是一个学术名词。针对飞行器系统，“系统工程”可定义为“飞行器系统由许多不同的特殊功能的子系统所组成，各子系统之间又存在着相互关系，飞行器系统和各子系统都各自有一定数量的目标，而飞行器系统又是一个有机的整体，系统工程则是按照各个目标进行权衡，全面求得最优解的方法，并使各子系统能够最大限度地相互协调”。

飞行器同时又是一种高科技产品。一个新型号的飞行器集成了很多当时的先进技术，使之在综合性能上超越以往的同类飞行器，其中有些技术是借用其他领域比较成熟的技术，有些技术则是专门针对该型飞行器研发的。由于飞行器的研发周期比较长，又要考虑到其问世时的先进性，飞行器研发之初拟定技术要求时必须考虑到技术进步因素，所以在任何一种型号飞行器的研发过程中，都必定会有一些关键技术需要攻克。

“关键技术”是指那些决定飞行器研发成败的且无法回避的技术，如果其中某个或某些技术不能攻克，将会导致飞行器的一个或几个性能指标下降。关键技术又是那些以往没有遇到或没有解决的技术，因此需要组织技术力量和科研资源进行攻关。在飞行器设计的不同阶段和不同的专业领域，一般都有一些关键技术。对于一种新型飞行器，关键技术越多，飞行器的性能可能就越先进，但其研发的进度和失败的风险也越大，因此飞行器设计需要合理地控制关键技术的数量，合理地平衡先进性和可实现性的矛盾。

1.2 飞行器设计与工程专业涉及的对象与范畴

从表1.1可以看到飞行器的种类很多，不同飞行器有着各自的飞行原理，对应地就有不同的设计理论和方法。但是，从能量的角度看，任何飞行器都必须提供足够的能量维持其飞行所需的动能、势能和热能，如图1.9所示。

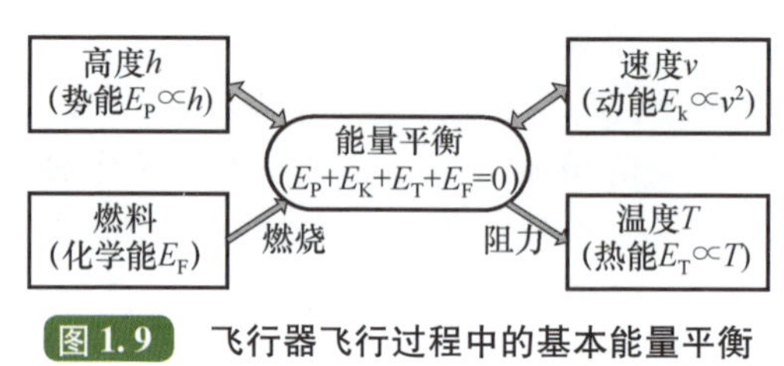

图1.9 飞行器飞行过程中的基本能量平衡

1.2.1 研究对象

飞行器设计与工程专业的研究对象是飞行器。因为飞行器动力、飞行器制造和飞行器环境与生命保障另有相应的本科专业，所以本专业的研究对象是飞行器平台部分。

由于飞行器种类很多，各种飞行器的设计理论和方法又有较大的区别，因此不可能在一个本科专业中将所有飞行器作为研究对象。由于历史及专业布局等原因，我国设有航空航天类本科专业的高校的飞行器设计与工程专业的研究对象各有侧重，南京航空航天大学则侧重于飞机和直升机，同时兼顾小型人造地球卫星。

1.2.2 专业范畴

如前所述，飞行器平台是本专业的研究对象。尽管其种类很多，但是从学科基础的角度看，它们又具有共同基础。飞行器平台设计可分为三大部分，即总体设计、结构设计和系统设计，其对应于三个最基本的基础学科，即流体力学、固体力学和控制论。

飞行器总体设计主要研究飞行器的技术要求、飞行器的外形、飞行器的内部布置、飞行器的性能（速度、高度、航程、操纵性、敏捷性、寿命、可靠性、维修性等），同时进行新概念或新型飞行器的研究。

飞行器结构设计主要研究飞行器结构型式、结构布局与详细设计，飞行器的先进设计手段、材料与制造工艺，飞行器结构的性能（强度、刚度、寿命、可靠性、维修性等）。

飞行器系统设计主要研究飞行器平台的内部系统（或称之为机载系统），主要包括了飞行器的操纵、燃油、液压等系统。不同的飞行器有着不同的机载系统，一般来讲，航空器和航天器的系统差别很大，载人飞行器和无人飞行器的系统差别也很大。每个机载系统都十分复杂，本专业主要研究机载系统的功能和性能。

1.2.3 培养目标

飞行器设计与工程专业的培养目标是：培养适应航空航天高科技发展需要，基础理论扎实，专业知识系统，国际视野开阔，创新能力和工程实践能力突出，德、智、体全面发展，从事航空航天事业的建设者和开拓者。

大学是民主和科学的发源地，是形成世界观和方法论的基地，大学阶段是人生中最宝贵的一段时光。本专业对学生的知识、素质和能力提出了下述基本要求。

（1）知识要求：自然科学、人文科学、工程技术、经济管理、专业知识。

（2）素质要求：政治思想、人文精神、心理素质、科学思维、工程素质。

（3）能力要求：自我学习能力、运用知识能力、创新能力。

1.3 飞行器设计与工程专业在国民经济和国防建设中的作用

航空航天技术是国家重点支持的八大高新技术之一，是关系到国家战略安全、推动经济发展、引领科技进步的高科技领域。

1.3.1 飞行器与国家安全

航空航天工业支撑着一个国家的国防力量，国家领空的安全以及获取未来高科技局部战争的胜利无不依赖于各类先进的飞行器。航空航天工业的发展水平已成为一个国家科技水平和综合国力集中体现的标志之一，航空航天工业也是一个国家在世界上给国人信心的标志性产业。

当前和今后一段时间，我国航空科技工业将研发以四代机、舰载机、大型运输机、武装直升机为代表的先进航空武器装备。在现代战争中，以第四代战斗机和将航空母舰作为起落基地的舰载机为代表的先进航空武器装备将起到决定胜负的作用。大型军用飞机在军用运输、战略战术轰炸等方面也发挥着至关重要的作用。各类无人机装备也将成为各国军队竞相研制的撒手锏，成为决定战争胜负的主要装备因素之一。

各种军用卫星的发展，使军事侦察、通信、测绘、导航、定位、预警、监测和气象预报等能力和水平空前提高，在军事上的地位日益重要。军事航天技术可为军事行动，如情报获取、敌情监视、通信导航以及未来的空间作战等提供最现代化的手段，将在现代战争中支援地面军事力量方面发挥越来越重要的作用，成为现代军事技术不可或缺的组成部分。人造地球卫星、空间站等空间飞行器是全球通信指挥和侦察监视等信息的获取平台，也是保障国家安全的重要平台。导弹是现代战争的利器。战术导弹可用于打击敌方战役战术纵深内的核袭击兵器、集结的部队、坦克、飞机、舰船、雷达、指挥所、机场、港口、铁路枢纽和桥梁等目标；而战略导弹可携带核弹头，用于攻击敌方的政治和经济中心、军事和工业基地、核武器库、交通枢纽等目标，以及拦截来袭战略弹道导弹，是国家安全的威慑力量。

航天技术还将对战争样式和作战方式产生影响。除了已经出现的用高技术手段进行的军事冲突和小型局部战争之外，还将有可能出现如外层空间的军事冲突和小型战争，以及星球大战和世界性高技术战争等新的战争样式。

1.3.2 飞行器与产业结构

实际上，航空航天工业的意义并不完全在于它占有的产出比例是多少。航空航天工业是高带动性的产业，其产业链长、辐射面宽、联带效应强，对经济和科技的发展具有巨大的带动作用。由于航空航天工业是现代高新技术的高度集成，技术扩散率高达60%～70%，资金和技术的转移不仅给其他部门带来了可观的经济效益，而且推动了技术进步，因此可提高一个国家整体的科技发展水平。

2008年5月，肩负着中国大型客机研制使命的中国商用飞机有限责任公司成立，宣告我国大飞机工程正式启动。研制和发展大型飞机，是《国家中长期科学和技术发展规划纲要（2006—2020年）》确定的重大科技专项，是建设创新型国家、提高我国自主创新能力和增强国家核心竞争力的重大战略举措。

经济合作与发展组织（OECD）将大飞机制造业列于知识经济产业的首位。研制大飞机的过程涉及多个学科，如力学、材料学、航空电子学、信息学、控制工程等；另外，从工业基础上看，大飞机产业涉及化工、电子、冶金等部门，可以带动现代先进制造技术，被称为“现代工业之花”，是促进国家科技、产业体系完整的一个重要措施。因此，研制大飞机是一个国家综合实力的体现。

大飞机工程研发周期长、涉及范围广、影响深远。在研制方面，民用大型飞机总体设计技术，长寿命、高可靠性结构设计技术，大推力、长寿命、高可靠性发动机设计技术，大型整体结构制造技术等关键技术亟待突破。

随着经济的发展，作为整个民用航空产业的重要组成部分，通用航空产业在社会发展、经济建设和公共服务等方面发挥着越来越重要的作用。通用航空产业是通用航空器研发、制造、运营及其综合保障和服务业的总和。通用航空产业是一个国家航空产业发展壮大的基础，其产业群庞大，产业链长，涉及制造、运营、维护、航油、培训、保险等多个业务领域，对经济的拉动力很强。根据国际经验，通用航空产业对经济的拉动比大约为1∶10，而汽车产业对经济的拉动比只有约1∶4；通用航空产业对就业的拉动比可达1∶12。

人造地球卫星技术已渗透到国民经济的各个领域，特别是在通信、导航、信息获取、地面监视与管理等领域已不可或缺。人造卫星的应用使人类开发利用信息资源的广度和速度产生了质的飞跃。航天技术与信息技术相结合，推动了人类的“知识爆炸”，掀起了国民经济信息化与全球化的滚滚浪潮，信息流通的加速又带动了材料、能源、资本、商品、技术和知识流通的加速。

航天活动还大大扩大了人类的知识宝库和物质资源，给人类日常生活带来了重大的影响和巨大的经济效益，也大大推动了现代科学技术和现代工农业的向前发展。

1.3.3 飞行器与高新技术

飞行器是一种复杂的科技产品，飞行器和高新技术密不可分，飞行器的出现带动或产生了众多新学科，其他学科领域的技术进步又促进了新型飞行器的诞生或飞行器的升级换代。航空、航天历来是尖端科技的聚集区，是诸多科技领域的高度集成，航空航天科学技术领域荟萃了当今世界上科学技术的众多成果和各个专业的人才。

随着航空航天科技的发展，高新技术在航空航天中广泛应用并呈现出多种技术综合化的特点。一是综合有关领域的专有技术，如综合制造工艺、燃料推进、电子技术、自动控制、材料研究、密封技术等领域内的高精尖技术；二是具有突出的系统集成能力，将跨学科、跨门类的技术综合运用，且确保高精确性、协调性和经济性。同时，航空航天技术不断提出的新要求，又促进了相关学科和领域科学技术的不断进步。

以第四代战斗机和先进舰载机为代表的新型航空武器装备在各航空先进国家竞相发展，军用飞行器正向隐身性、高机动性、机载电子设备集成化等方向发展，军用运输、战略战术轰炸等性能也不断提高。航空飞行器设计理念、技术和手段等飞速进步，第四代先进战机的标志性技术，如隐身设计技术、超声速巡航、推力矢量技术、过失速机动、主动控制技术等日趋成熟。

借助于信息、材料等科学技术的发展，飞行器的设计理念发生了巨大变化，如高隐身外形与结构、融合不同种类飞行器的飞行器新构型、智能结构与可变体结构、复合材料结构、整体结构等技术，有的已经开始在现代飞行器上运用，有的进入演示验证阶段；同时很多的先进设计理论与技术得到了空前发展以满足新的设计要求，如多学科设计优化技术、结构综合强度设计理论与技术、新型机体结构动力学与控制设计理论和技术、材料－元件－结构的一体化设计理论与技术、数字化设计技术、虚拟设计与试验技术、飞行智能控制技术等。此外，空天飞行器往往要经受强过载、多场耦合等复杂动力学应力环境，亟需发展新的机体结构设计理论和技术。

未来的军用卫星将朝着灵活、机动、有自卫能力、可维修、长寿命和自主化等方向发展。在满足灵活性和局部战争需要方面，战术应用卫星、移动通信卫星和建立在新材料、微电子等高新技术基础上的轻小型卫星具有突出优点，正日益受到各国重视。与此同时，包括反卫星武器在内的航天作战技术，也将继续发展。航天运输系统将朝着低费用、高可靠、可重复使用和快速发射的方向发展。

航天技术产业属于高投资、长周期、高效益、高风险的战略性产业，其对国民经济的贡献，主要是通过开拓性的先进技术手段改变众多产业部门的传统生产方式。

1.4 专业设置情况

在我国，高等教育的本科专业设置大体可分为两类，即按照学科内涵设置和按照研究对象设置。飞行器设计与工程专业是按照研究对象设置的专业。世界各国对此专业的设置有很大差别，在我国本专业的内涵和范围也发生过多次变迁。

1.4.1 国际上飞行器设计专业的设置情况简介

欧美教育体系的国家基本上不设置飞行器设计与工程本科专业，而将相关的专业教学内容放在航空系、航空宇航系或机械工程系，也有一些学校甚至放在土木工程系。这些国家的高等教育行政机构通常不会强制规范各学校的专业名称和内涵。

俄罗斯基本上继承了苏联的教育体系，专业设置比较细。在主要的航空航天高等学校设置有飞机设计、导弹设计、卫星设计、火箭设计等专业。

1.4.2 飞行器设计与工程专业在我国的历史沿革

我国高等教育的专业设置以及专业的名称由教育部统一进行管理和规范。

中国目前的专业体制形成于1952年，当时完全模仿了苏联教育的做法。专业，特别是应用科学技术性专业主要根据工程对象或业务对象，或者说按照社会职业分工进行划分。新中国成立初期，这种专业体制确实培养了一批精通一门专业知识，并能直接到生产第一线迅速发挥作用的人才，而当产业结构和技术变革发生时，原有专业体制培养的人才便很难适应新的环境。

对高等教育人才培养目标的研究表明，过去单一、僵硬的批量培养模式已不能适应社会的要求，高等教育的培养目标应当是多目标、动态性以及多层次的。

新中国成立以来，我国多次对高等教育专业设置及其结构进行调整，以缓解专业结构不合理以及由此造成的人才供求不平衡的矛盾。改革开放以来，我国共进行了四次大规模的学科目录和专业设置调整工作，分别于1987年、1993年、1998年、2012年颁布实施了本科专业修订目录，力图解决专业划分过细、范围过窄、专业名称欠科学、门类之间专业重复设置等问题。

1987年的修订，主要是为了解决之前专业设置的混乱局面，专业名称和专业内涵得到整理与规范。在1987版的专业目录中，属于目前本专业范畴的专业包括了飞机设计、直升机设计、有翼导弹设计、火箭设计和人造卫星设计。

1993年的修订，重点解决专业归并和总体优化的问题，形成了体系完整、统一规范、比较科学合理的本科专业目录。在1993版的专业目录中，属于目前本专业范畴的专业减至2个，即航空飞行器设计和空间飞行器设计。

1998年的修订工作按照“科学、规范、拓宽”的原则进行，改变了过去过分强调“专业对口”的教育观念和模式。飞行器设计与工程这一专业名称就是在1998版的专业目录中确定的，并一直沿用至今。

从专业设置角度来看，本科专业是按门类、类、专业三级进行规范的，三级都有国家统一的代码。本专业在2012年版的本科专业目录中，属于工学门类（门类代码08），航空航天类（类代码0820），飞行器设计与工程专业（专业代码082002）。

表1.2列出了飞行器设计与工程专业在我国改革开放后的历史沿革情况。

表 1.2　飞行器设计与工程专业在我国改革开放后的历史沿革情况

年份	门、类	专业代码与名称
1987	工学、航空航天类	飞机设计 直升机设计 有翼导弹设计 火箭设计 人造卫星设计
1993	工学（08）、航空航天类（0818）	081801 航空飞行器设计 081802 空间飞行器设计 081803 飞行器强度与实验技术 082102 空气动力学与飞行力学
1998	工学（08）、航空航天类（0815）	081501 飞行器设计与工程
2009	工学（08）、航空航天类（0820）	082001 飞行器设计与工程
2012	工学（08）、航空航天类（0820）	082002 飞行器设计与工程

另外，从学科角度来看，目前我国高等教育专业设置是按门类、一级学科、二级学科、专业四级进行规范的。一级学科对应于博士后流动站的名称，二级学科对应的是博士点和硕士点的名称，专业则对应着学士点的名称。飞行器设计与工程专业归属于工学（门类）、航空宇航科学技术（一级学科）、飞行器设计（二级学科）。

所谓的“专业”就是课程的集合，也就是知识的组合。可以从学科标准、职业标准和学生标准对专业加以理解。设置专业的目的是培养专门人才，而学科的发展与交汇，需要对专业进行不断的调整。在最新版的航空航天类本科专业目录（2012 年颁布，2013 年起执行）中，根据航空宇航科学与技术一级学科的变化，做了一些调整，新增了航空航天工程本科专业，具体内容如下。

082001　航空航天工程

082002　飞行器设计与工程

082003　飞行器制造工程

082004　飞行器动力工程

082005　飞行器环境与生命保障工程

1.4.3　飞行器设计与工程专业在我校的历史沿革

我校自建校起，就设置了飞机工程专业。之后根据专业建设及国家对航空人才的需要，在飞机工程专业的基础上，分别建立了飞机设计系（1 系）、航空发动机系（2 系）和飞机制造系（5 系）。

1970 年，根据国家需要，直升机设计专业由西北工业大学迁入我校。

目前的飞行器设计与工程专业是我校飞机设计、直升机设计、空气动力学、飞行力学、强度计算、结构测试等专业的延续和融合。飞行器设计与工程专业在南京航空航天大学的历史沿革见表 1.3。

表 1.3　飞行器设计与工程专业在南京航空航天大学的历史沿革

年份	所在院系	专业名称（变迁）
1952	飞机制造专科	飞机设计
1957	飞机系（3 系）	飞机设计
1960	飞机系（3 系）	飞机设计与制造 强度计算专门化 空气动力学专门化 飞行力学及飞行稳定
1962	飞机系（3 系）	飞机设计与制造 空气动力学
1970	飞机系（1 系）	直升机设计专业由西北工业大学迁入
1987	飞机系（1 系）	飞机设计 直升机设计 结构强度
	空气动力学系（6 系）	空气动力学
	测试工程系（14 系）	航空结构测试
1993	飞机系（1 系） 空气动力学系（6 系） 测试工程系（14 系）	航空飞行器设计 航空结构测试
1998	飞机系（1 系） 空气动力学系（6 系） 测试工程系（14 系）	飞行器设计与工程 航空结构测试
2000	航空宇航学院（1 院）	飞行器设计与工程
2014	航空宇航学院（1 院） 航天学院（13 院）	飞行器设计与工程

本专业是我校设立最早的专业之一，既有深厚的积淀又充满活力。本专业创建于 1952 年，飞行器设计专业学科于 1981 年首批获得博士、硕士学位授予权，1988 年设立博士后流动站，是首个教育部批准的飞行器设计国家重

点学科（1988 年）。最近几年，本专业先后被评为国家特色专业、江苏省品牌专业、国防特色专业，其中“直升机设计”是在我国唯一设置有直升机设计专业基础上建立的飞行器设计学科专业方向。本专业学科建有“直升机旋翼动力学”国家级国防重点科技实验室、“飞行器先进设计技术”国防重点学科实验室，建有国家级“航空工程”实验教学示范中心。

进入新世纪后，南京航空航天大学的飞行器设计与工程专业针对世界航空航天科学与技术的发展，响应国家创新发展的理念和航空航天工业发展的需求，围绕“宽口径”“先进性”“综合系统性”“创新能力”和“工程实践能力”制定了本科培养方案，确定了飞行器设计师应具备的主要能力，包括综合能力——将不同的知识融会贯通、综合运用，解决理论和工程实际问题；工程能力——掌握工程问题与理论问题的区别和联系，运用理论解决工程问题；自学能力——关注新理论和新技术的不断涌现，自觉地自我学习与自我完善；创新能力——具备创新意识和探索精神，充分利用已有知识进行创新设计，激发创新设计的潜力与悟性；协作精神——深知设计是一种“权衡”，能与他人交流并正确汲取他人的合理意见。

1.4.4 发展前景

航空航天技术一直是国际竞争的焦点，对于国家安全和国民经济具有十分重大的意义。近年来，在世界范围内兴起了新技术革命的浪潮，展开了全球性的经济、军事、政治竞争，高新技术在航空航天业中不断涌现和广泛应用并呈现出多种技术综合化的特点。

飞行器一直处于航空航天业的核心地位，伴随其他学科的发展，飞行器设计呈现了飞速发展和蓬勃发展的景象。飞行器是装备制造业的皇冠，是国家竞争力的一个重要方面。我国已经将航空航天业列入高新技术产业，正在并将持续地大力研发各类飞行器。一个优秀的飞行器设计师必须有国际视野，要从国家的安全利益和经济利益出发，进行飞行器的研发。

飞行器是一种高科技产品，很多相关的创新思想和先进技术往往首先在飞行器上得到使用。飞行器的需求为飞行器设计与工程专业的发展提供了广阔的前景。

1.5 本课程的目的

专业导论课程旨在通过对飞行器设计与工程专业的性质、学习内容和方法及未来就业前景和领域的介绍，使学生了解本专业的发展历史、内涵、地位及其在国民经济和国防建设中的重要作用，了解本专业的基本知识结构以及主要课程的安排，了解飞行器设计与工程领域对人才需求的基本特征和要求，从而建立稳固的专业思想，结合自己的志向和兴趣进行有目的的学习，圆满完成学业。

第2章 专业的知识体系

本专业的主要培养目标是从事飞行器设计的设计师和与飞行器相关领域的工程技术人员。据此确定本专业的知识体系框架。

本章主要介绍本专业的能力要求、素质要求、人才培养体系和基本知识结构，要求学生了解本专业必须具备的知识构架和脉络。

2.1 能力要求

作为一名未来的飞行器设计师，应着重锻炼并具备创新、综合、工程和自学等四项基本能力。

2.1.1 创新能力

航空航天是国家高新产业，创新发展是航空航天业的主旋律，创新设计是飞行器设计永恒的主题，因此创新能力是飞行器设计与工程专业学生应具备的最重要的一种基本能力。

创新能力是指人在认识与实践过程中表现出来的、产生新成果的思维与行为的能力。从创新过程的角度看，创新能力反映了一个人分析和解决问题的能力；从心理学的角度看，创新能力反映了存在于其创造性人格之中的一种综合能力；从创新成果的角度看，创新能力产生的成果具有新颖性和社会经济价值。

创新能力有三个基本要素，即基础能力、思维能力和行为能力。

基础能力是目前大学本科教育的重点。本专业根据培养目标，设置了系统的理论课程体系，学生通过学习，便可具备基本的、比较系统的专业知识体系，能够完成一架初级飞行器的设计。

创新思维是一种可以培养和训练的特质，主要包括创新意识和探索精神。本专业主要通过专门训练环节和课程教学中潜移默化的影响，引导学生独立思考，并充分利用已有知识进行创新设计，激发创新设计的潜力与悟性。

行为能力指将一个创新性思想变为现实需要的实践和技法。本专业特别注重实践教学和创新技法的训练与培养，建立了大学生飞行器创新设计实验室，配备了专业指导教师，为创新能力的培养提供了必要的物质条件。

2.1.2 综合能力

飞行器是一个综合体，包括了结构、动力、机电、系统等多个组成部分，设计理论和方法又涉及流体、固体、动力、系统、控制、信息、电子等众多学科，要使一个飞行器达到相对最佳，必须全面综合地平衡各个设计要素。

综合能力是指将不同的知识融会贯通和综合运用，平衡协调地解决理论和工程实际问题的能力。本专业的培养计划十分注重各知识点的衔接，开设不同类型和规模的综合性练习与实验，培养系统、全面地看待、分析和解决问题的能力。

2.1.3 工程能力

飞行器设计是一个创造性的过程，同时也是一个工程设计过程。工程设计往往不像理论问题那样单纯，需要考虑各种各样的因素，一般很难用一个现成的理论彻底解决某个设计问题。另外，工程设计中伴随着大量的分析、计算和试验，分析和计算模型通常需要做一些简化，试验条件和环境一般也要进行工程简化处理。因此，可以说一个优秀的飞行器设计师也是一个处理工程问题的高手。

工程能力是指从本质上掌握工程问题与理论问题的区别和联系，并正确运用理论来有效地解决工程问题的能力。尽管个人的工程能力与其成长环境和先天特质有关，但任何人的工程能力都可以通过培养而得到提高。本专业通过理论课程中理论与飞行器设计的实际问题相结合以及工程实习、现场课、研究性试验等环节培养学生的工程能力。

2.1.4 自学能力

当下是一个知识爆炸的年代，现代科学技术呈现指数式的增长，同时新旧知识的更替速度越来越快。飞行器是一个高科技产品，大量的新技术往往会在飞行器上首先得到应用。因此飞行器设计人员时刻面临着新技术的挑战，只有不断地自我学习和自我完善才能跟上时代的步伐，才有可能成为新技术的运用者。

作为一名飞行器设计师本身，自学的动力与工作性质相伴，但是要使自己成为一名具备很强自学能力的人，还需培养自己的学习坚韧性、思维逻辑性和工作条理性。本专业的培养方案中，相较于知识的传授，更重视探索性和思考性问题的讨论，需通过思索才能得出答案。

2.2 素质要求

能力主要以知识作为基础，而素质以人的生理和心理实际为基础。要成为一名合格的飞行器设计师，除了要具备扎实的知识和突出的能力外，还必须具有良好的素质。作为一名优秀的飞行器设计师应具备协作精神、全局观念、国际视野等素质。

(1) 协作精神。如前所述，飞行器的研发是一项复杂的系统工程，需要协调各种各样的矛盾，需要梳理错综复杂的关系，所以设计就是一种“权衡”；同时，飞行器设计又是一项庞大的工程，需要多部门的协同工作。因此，只有能够听取并正确汲取他人的合理意见才能成为合格的飞行器设计师。此处，以波音公司的团队协作戒律作为借鉴：

- 每个成员都为团队的进展与成功负责；
- 准时参加每一次的团队会议；
- 按计划分配任务；
- 有不明白的时候要提问，倾听并尊重其他成员的观点；
- 批评仅针对想法而不针对人，即对事不对人；
- 利用并期待建设性的反馈意见；
- 建设性地解决争端，永远致力于争取双赢的局面；
- 避免导致产生团队分裂的行为。

(2) 全局观念，掌握系统方法论。每一位飞行器设计师都是某个方面的专家，但不能囿于其知识背景和工作经历而轻视其他方面的意见。通常，各设计人员都会认为自己的工作重要，这无可非议，但从全局的观点看，每位设计员的工作又都是整个飞行器设计的一个组成部分。因此从完整性的角度，每一个部分的设计都同样重要，只是不同部分的设计难度不同而已。

(3) 国际视野。航空航天技术一直是国际竞争的焦点。近年来，在世界范围内兴起了新技术革命浪潮，展开了全球性的经济、军事、政治竞争，高新技术在航空航天业中广泛应用并呈现出多种技术综合化的特点。所以，一个优秀的飞行器设计师还应具有国际视野，从国家的安全利益和经济利益出发，进行飞行器的研发。

2.3 人才培养体系

飞行器设计已建立了完备的三级人才培养体系，涵盖了大学本科、硕士和博士，可授予工学学士、硕士和博士学位。获得博士学位后，还可以到博士后流动站从事专门研究。

2.3.1 本科

本科专业名为“飞行器设计与工程”，隶属于工学的航空航天类，学制4年，可授予工学学士学位。

本科阶段主要培养学生较好地掌握飞行器设计的基础理论、专门知识和基础技能，使其具有严谨求实的科学态度和作风，具有从事飞行器设计科学研究工作或担负专门技术工作的初步能力。

2.3.2 硕士

硕士学科名称为“飞行器设计”，隶属于航空宇航科学与技术一级学科，学制为2~3年，大多数为2.5年，可授予工学硕士学位。

硕士生阶段主要培养学生掌握飞行器设计学科坚实的基础理论和系统的专门知识，了解本学科的发展现状、趋势及研究前沿，较为熟练地掌握一门外国语，具有严谨求实的科学态度和作风，具有从事飞行器设计学科和相关学科领域的科学研究能力或独立担负专门技术工作的能力。

2.3.3 博士

博士学科名称为“飞行器设计”，隶属于航空宇航科学与技术一级学科，学制为3~4年，实际时间因人而异，差别较大，可授予工学博士学位。

博士生阶段主要培养学生掌握飞行器设计学科坚实宽广的基础理论和系统深入的专门知识，深入了解学科的发展现状、趋势及研究前沿，熟练地掌握一门外国语，具有严谨求实的科学态度和作风，具有独立从事科学研究工作的能力。

2.3.4 博士后

博士后流动站设立于航空宇航科学与技术一级学科，每期2年左右。博士后研究人员的身份是工作人员，而非学生。他们是获得博士学位后进入与其博士学科不同的学科点专门从事探索性、开拓性和创新性科学研究的正式职工，因此“博士后”是一种经历，而非学历。

2.4 基本知识结构

2.4.1 专业知识体系

从专业学习的角度，飞行器设计与工程专业的主要学习任务如下：

- 掌握飞行器工作的基本原理；
- 知晓飞行器设计的详细过程；
- 能够独立完成一架简单小型飞行器的设计；
- 具备从事飞行器设计研究的基本知识；
- 了解飞行器设计理论和技术的发展趋势；
- 了解飞行器的全寿命周期及相关常识。

根据飞行器设计职业对人才的知识、能力、素质要求，拟定出本专业学生在校期间应获得的知识结构（也即必备的知识点系列），再根据知识点的相互关系，由1个或数个知识点构成1门课程（广义的课程包括课堂授课、实验/试验、实习、自学、设计等），进而形成课程体系。

课程体系指的是将不同课程按照门类顺序排列，它是教学内容和进程的总和，是培养目标的具体化和依托，它规定了培养目标实施的规划方案。

飞行器设计与工程专业课程教学链见表2.1。

表2.1 飞行器设计与工程专业课程教学链

类别	课程名称	课程类别
认知	航空航天概论、飞行器设计与工程专业导论、下厂实习	专业认知
基础	大学英语、高等数学、大学物理、普通化学、计算方法	工科基础
	工程图学、机械设计基础、互换性与技术测量	机械类基础
	理论力学、材料力学、有限元素法、结构优化设计、工程材料与热加工基础、电工与电子技术、控制系统工程	设计类基础

（续）

类别	课程名称	课程类别
专业	流体力学、结构力学、飞行器空气动力学、飞行器飞行力学、飞行器发动机基础	专业理论
	飞机制造工艺、结构试验技术	专业技术
设计	飞行器总体设计、飞行器结构设计、飞行器系统设计、先进设计理论与技术、飞行器设计中的创造学	飞行器设计
综合设计	工程设计软件、工程设计方法、飞行器创新设计	实践中自学知识
	毕业设计	专业综合训练

2.4.2 课程结构

依据“重基础、宽口径，突出工程和创新，强调课程综合化、产学研一体化和国际化，注意设计、制造、新材料和工程技术的融合”之原则，设计了本专业的知识构架。

学生根据人才培养方案，通过课程学习和实践环节，掌握必备的知识和能力，为今后的工作打下基础。

根据课程平台属性进行划分，飞行器设计与工程专业的课程结构见表2.2。

表2.2 飞行器设计与工程专业的课程结构

课程平台	课程模块	主要课程名称
通识教育	全校工科相同	大学英语、高等数学、大学物理、普通化学、线性代数、计算方法、概率论与数理统计、复变函数
学科基础	学科理论基础	理论力学、材料力学、控制系统工程、电工与电子技术、机械设计基础、弹性力学、有限元素法
	学科技术基础	工程图学、互换性与技术测量、工程材料与热加工基础、结构试验技术、飞行器发动机基础、飞行器设计与工程专业导论
专业教育	专业核心类	流体力学、飞行器空气动力学、飞行器飞行力学、飞行器总体设计、飞行器结构设计、飞行器结构力学、复合材料力学、结构动力学、传感器与测试技术
学科拓展		校公共选修课、跨门类选修课、跨学科选修课、跨专业选修课
实践能力培养		大学物理实验、工程训练、机械设计基础课程设计、工程材料与热加工基础课程设计、电工电子课程设计、飞行器设计综合课程设计、校企实习、毕业设计

2.4.3 主干课程

主干课程是指专业教学计划中起核心作用的那些课程，是专业存在的充分而必要的条件。主干课程的学时数占总学时的35%～45%，通常每个学期安排1～3门主干课程。飞行器设计与工程专业的主干课程见表2.3。

表2.3 飞行器设计与工程专业主干课程

课程平台	课程名称
通识教育	大学英语、高等数学、大学物理
学科与专业基础	理论力学、材料力学、流体力学、飞行器结构力学、控制系统工程、电工与电子技术基础、机械设计基础、工程图学
专业教育	飞行器空气动力学、飞行器飞行力学、飞行器总体设计、飞行器结构设计、飞行器系统设计

2.5 三大基本专业知识结构

如前所述，飞行器设计与工程专业的研究对象是飞行器平台部分。从学科基础的角度看，飞行器平台设计可分为三个部分，即总体设计、结构设计和系统设计，所对应的三个最基本的基础学科为流体力学、固体力学和控制论。

飞行器总体设计主要研究飞行器的技术要求以及飞行器的外形、内部布置、性能等，同时进行新概念或新型飞行器的研究。相对应的核心知识主要有系统工程、空气动力学、飞行动力学/天体力学、运筹学、多学科综合等，为此开设的主要课程包括飞行器空气动力学、飞行器总体设计、飞行器发动机基础、飞行器多学科设计优化等。

飞行器结构设计主要研究飞行器的结构布局与详细设计、结构的性能以及先进设计手段、材料、制造工艺等。相对应的核心知识主要有优化设计、材料力学、强度评估技术、材料科学、制造工艺、数字化技术等，为此开设的主要课程包括工程图学、工程材料与热加工基础、材料力学、飞行器结构力学、复合材料力学、飞行器结构设计、有限元等。

飞行器系统设计主要研究维持飞行器平台工作的机载系统（操纵、燃油、液压等系统）以及系统的性能。相对应的核心知识主要有控制论、流体力学、结构动力学、电工与电子技术等，为此开设的主要课程包括控制系统工程、电工与电子技术、流体力学、飞行器系统设计等。

第3章 飞行器总体设计

飞行器总体设计是飞行器平台设计的三个主要研究内容之一。本章主要介绍飞行器总体设计的研究范畴、本科阶段相关的课程安排、本方向的设计方法与手段、我校在此领域的研究特色、本方向的发展与创新等相关内容。

不同种类的飞行器的总体设计有很大区别，本章主要涉及航空飞行器，特别是飞机的总体设计方面的内容。

3.1 范畴

飞行器总体设计主要研究飞行器的技术要求、飞行器的总体布局、飞行器的内部布置、飞行器的性能（速度、高度、航程、操纵性、敏捷性、寿命、可靠性、维修性等），同时进行新概念或新型飞行器的研究。

3.1.1 飞行器的技术要求

飞行器作为一种载运工具，就必须满足人们对其使用功能与性能的要求，这些要求通过技术要求的形式来表达。飞行器的技术要求是一项重要的技术文件，通常确定了飞行器的类型和基本任务、主要性能指标、主要使用条件、机载设备等。

对于军用航空飞行器，技术要求通常称为战术技术要求，其可以由飞行器设计单位或飞行器订货单位（即使用单位）拟定；但是由于飞行器的技术要求是一组系统的且相互制约的技术指标，所以通常是由使用单位提出初步意见，再由使用单位与设计单位双方共同协商并拟定。现代军用飞行器根据国家的战略方针和将来面临的作战环境，经过分析提出战术技术要求，其制定通常遵循“需求→指标→功能→能力”这一研究思路进行。现代军用航空飞行器从技术要求的制定到开始服役使用一般都需要10年以上的时间；要准确预计10年后的政治、经济、技术环境相当困难，而且一个型号的军用飞行器的全寿命费用可达数百亿元的量级，因此军用飞行器设计要求的研究和制定是一项非常重要与影响巨大的工作。军用飞行器技术要求的研究和制定一般都由专门的机构与人员来进行。

对于民用航空飞行器，技术要求则称为使用技术要求。民用航空飞行器主要强调安全性、经济性、舒适性和环保性，其技术要求一般是由设计单位提出初步设想，对可能的用户进行调研与商讨，并经过市场调查和分析讨论后制定。

对于人造卫星、导弹、航天器等飞行器的技术要求的制定相对于军用航空飞行器要简单一些，但其基本原则和过程相似。

飞行器的技术要求一旦拟定，设计单位必须保证所设计的飞行器能够达到这些技术要求，使用单位则根据这些要求来验收新飞行器。因此，技术要求是飞行器设计的基本依据。

提出和拟定飞行器的技术要求，必须了解国内外航空航天技术水平现状和发展趋势，了解国内外航空航天科学发展的新理论、新技术以及预研的成果，还必须结合国情和国力，才能使待研制的飞行器的技术要求既体现先进性，具有生命力，又不至于因要求的不合适而造成人力、物力和时间的浪费。

3.1.2 飞行器的总体布局与设计参数选择

飞行器和其他机器不同，其工作状态为飞行。对于高速飞行的飞行器，其外形对于飞行器的性能具有决定性影响。例如，现代飞机的几何外形首先必须保证满足气动性能方面的要求，所以常把飞机的几何外形称为气动外形。只有专门的隐身飞机，其几何外形才必须同时考虑如何降低雷达散射截面（RCS）的要求。下面简述飞机总体布局的主要内容。

飞机的总体布局是飞机总体设计的主要内容，对飞机的飞行性能和运营成本起着决定性作用。由于飞行任务的不同，飞机总体布局的形式也呈现出多样性，不同的布局形式各有优劣，在总体布局的选择和设计过程中，需要综合考虑气动、结构、动力装置、飞控、载荷以及可靠性和维修性等诸多方面的因素，进行综合分析比较，以确定相对最优的布局方案。

飞机的总体布局涉及各个主要部件的外形、内部结构型式、部件之间的相对位置以及机上主要系统的配置等内容。具体而言，总体布局包括的主要内容有：发动机的种类、数量、安装形式及进气道的布置，机翼的形状、型式及其与机身的相对安装位置，尾翼的型式和安装，起落架的种类、数量和位置，结构的布局型式和分离面的选择，驾驶舱、客舱、货舱等的布局，以及飞机电子、燃油、操纵等系统的布置，等等。

飞机总体布局的核心内容之一是确定飞机的构型。所谓“构型”是飞机几何外形的主要特征及飞机各种装载布置方案的总称。经过不断的探索、创新与发展，飞机的构型已有很多种，图3.1给出了一些不同翼面布置的飞机构型。图3.2给出了一些特殊飞机构型。

在同样的技术要求下，可以采用不同的飞机构型。在确定构型时，既需要参考历史上类似的机型，又需要充分考虑新技术的发展和发挥设计人员的创造性，同时还受到飞机设计公司的传统与风格、设计师以及用户的倾向性等因素的影响。

在飞机的构型初步确定之后，需要选择飞机的设计参数。飞机的总体设计参数很多，其中最主要的参数有3个，即飞机的起飞重量、动力装置的海平面静推力和机翼面积。这3个参数确定后，就可以开展飞机各主要部件的几何参数选择和气动的优化设计工作了。

飞机总体性能的评估是一项复杂的工作，需要采用工程经验方法、数值仿真分析、风洞试验等方法来进行。早期，通常是依赖经验公式和大量的风洞试验；随着计算流体力学（CFD）的进步和计算机运算速度的提高，CFD已成为当前飞机设计的主要手段，其使用比例已超过70%。

在完成了飞机的基本构型、主要参数以及各主要部件的几何参数的初步选择和优化后，便可以着手进行飞机总体布局工作，具体任务是：对全机的几何外形进行协调和修正；具体安排飞机内部的各种装载和设备；合理布置飞机各部件的结构承力系统；对飞机的重心进行定位。总体布局工作是一个需要不断进行协调和优化的过程，最后绘制出飞机设计方案完整、协调的几何外形，即飞机的三面草图。

3.1.3 飞行器的内部装载的布置

飞行器的装载主要包括动力装置和燃料系统，乘员舱，电气设备，雷达及主要天线，起降装置及其他结构性装载，液压、冷气、操纵等机载设备或系统，环境控制系统和救生设备，等等。军用飞行器还涉及武器弹药，其中除少量外挂外，大多数需装载于飞行器内部。由于飞行器的内部空间十分狭小和有限，所以装载布置是一个比较艰巨的任务。

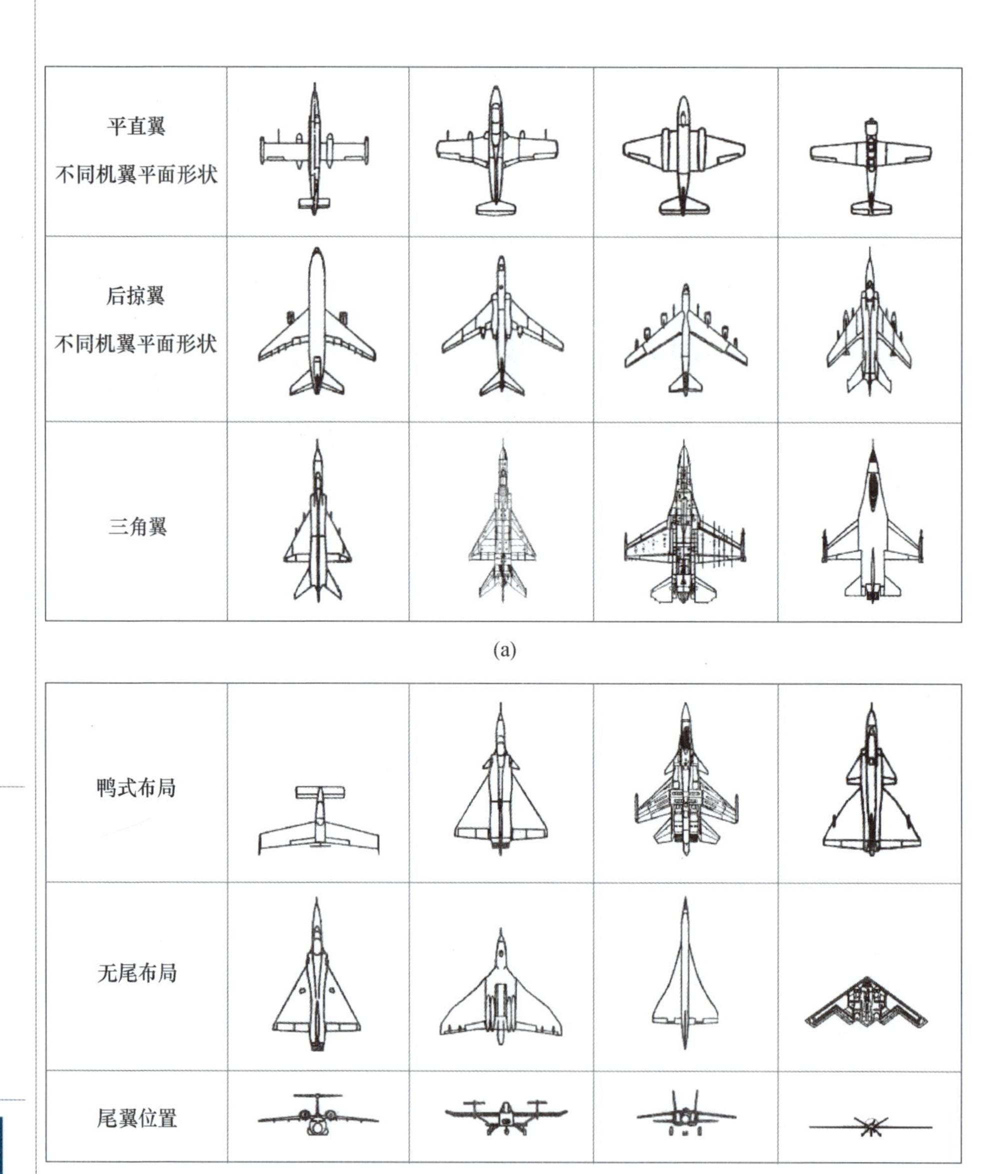

图 3.1　一些不同翼面布置的飞机构型

（a）可能的飞机机翼构型；（b）可能的飞机尾翼构型。

装载布置的基本要求是飞行器在飞行过程中因装载引起的重心变化很小、装载附加的重量轻、设备之间的电磁干涉小、飞行器的维修性好等。

仍然以飞机为例，飞机内部装载的布置首先要考虑装载物所需的工作条

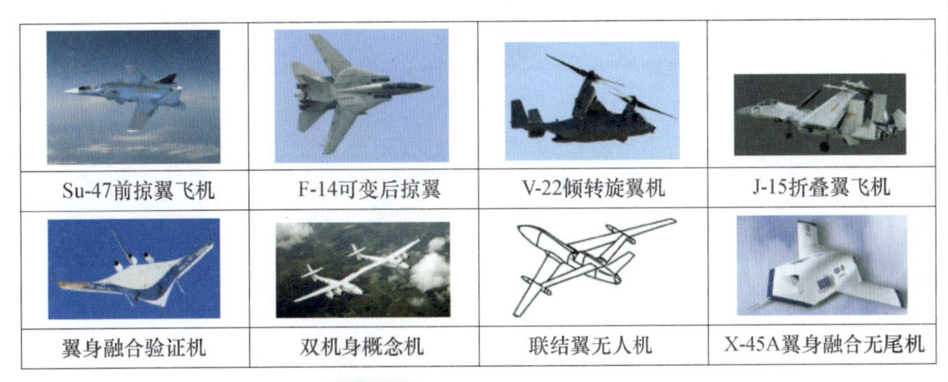

图3.2 一些特殊飞机构型

件、技术要求与使用维护要求。例如，驾驶舱的布置应保证飞行人员有良好的工作条件，操纵和控制飞机方便；机动类飞机应布置倒飞油箱以保证飞机倒飞时供油不至于中断；要合理安排发动机的使用分离面和检查、检修舱口；设备舱等应安排布置检修口盖；等等。飞机内部装载的布置还要注意避免突破飞机的气动外形，并留有足够的空间以便于合理地进行结构布置。

3.1.4 飞行器的性能与操稳特性

飞机是飞行器中运动最为复杂的，本节仍以飞机为例阐述。飞机性能关心的是飞机完成规定的任务所需的各种飞行运动，它一般由起飞、爬升、平飞（等速或加、减速）、下降、着陆及空间特技（如盘旋、筋斗、上升转弯、跃升、俯冲、下滑倒转）等飞行动作组成。对于民机而言，一般对空中特技等飞行则不作特殊要求，主要研究起飞、爬升、平飞（巡航、加减速）、下降、着陆和盘旋等性能。

飞机的稳定性指的是飞机自动地保持给定飞行状态的能力，而操纵性则是改变这种状态的能力，因此飞机的稳定性和操纵性在一定意义上是相互矛盾的，两者必须很好地匹配。

飞机的性能分析是飞机方案论证和初步设计阶段的主要内容之一。

在设计初期，主要参与研究总体参数和气动参数能否满足飞机总的技术要求的论证工作。通过计算分析，确定飞机总体参数、重量数据和飞机的气动特性，并对发动机的性能进行需求分析。

在设计中期，在获得精确的飞机总体、重量、气动参数的基础上，进行全面、精确的性能计算，检查性能水平是否满足设计要求，并校核发动机特性数据是否满足飞机的要求。

在设计后期，根据校核风洞试验得出的全机气动特性，进行全面的性能校核计算，检查性能指标是否满足设计、规范（或适航）要求；计算飞机投入使用所需的性能数据，为编写飞行手册、使用手册、训练手册等技术资料提供依据，为编写试飞要求、试飞大纲提供技术支持；等等。

在试飞阶段，对试飞结果与原设计值进行分析比较，进行设计数据符合性分析，得出经试飞验证的飞机气动特性数据和发动机特性数据。另外，配合试飞，进行故障分析，为试飞提供所需的性能数据也是性能分析的工作内容之一。

飞机的飞行性能和操纵性、稳定性是一套相互联系和制约的数据，设计师们需依据技术要求权衡和协调各个性能指标，本质上这是一个迭代寻优过程。

3.1.5 新型/新概念飞行器

新型飞行器指的是新型号飞行器，这类飞行器在其他地方已经存在，但是对于本设计单位或组织是首次，因此对飞行器设计师而言，面临的是一种新的设计任务。

新概念飞行器则是指之前还没有出现过的飞行器，与传统飞行器相比其设计思路、气动布局或/和飞行原理都有显著不同。新概念飞行器的主要特征是创新性，但其原理上是可行的，且在近期或不久的将来是可以研制成功的。

新型/新概念飞行器的出现主要基于需求发展和技术推动。人类始终在不断地追求更好的飞行器，使其在飞行性能、使用性能、经济性能、安全性能等某一个或某几个方面超过以往的飞行器，以解决人们关注的某些主题。而先进技术的迅猛发展为人类实现其梦想提供了技术保障，航空航天技术与其他技术的融合，将对未来飞行器的发展产生重大影响。

3.2 教学安排

在飞行器总体设计领域，本科阶段主要学习飞行器总体设计的基本知识，硕士研究生阶段主要学习飞行器总体设计理论并进行飞行器总体设计的理论和技术研究，博士研究生阶段则主要从事新型飞行器和飞行器设计新理论的研究。

3.2.1 本科阶段相关课程安排

本科阶段与飞机总体设计相关的专业核心知识点有：系统工程、飞行器的升力、飞行器的阻力、飞行器的动力、六自由度质点运动学、六自由度质点动力学、系统优化设计等。而每个核心知识点包含了若干个知识要素，如系统工程知识点由系统、系统工程、全寿命周期、系统分析方法、决策分析、系统评价方法、工程网络图、动态规划等知识要素构成，又如飞行器的升力由流体运动基本方程、可压缩与不可压缩流体、无黏性与黏性流体、翼型、压力分布、升力与俯仰力矩等知识要素构成。

除了这些核心知识点外，还有更多的一般性专业知识点，如飞行器经济性评估、可靠性和稳健性设计、知识工程、大气物理特性、飞行器的分类、飞行器的历史、飞行器的组成、飞行器的构型、参数配置、动力外部特性、技术发展趋势、运筹学、整数规划等。

通常一门专业课程包含了多个专业知识点，并且某些专业知识点会在多门课程中从不同的角度加以阐述。如飞行器总体设计课程包含了系统工程、飞行器的升力、飞行器的阻力、飞行器的动力、系统优化设计等多个知识点，而知识点“飞行器的升力”同时又是空气动力学和飞行器总体设计这两门课程的重点内容，前者从产生升力的原理和升力计算理论角度阐述，而后者从设计的角度阐述如何设计出高升力飞行器，同时该知识点在航空航天概论、飞行器先进设计技术、飞行器设计中的创造学等多门课程中都有所涉及。

为使学生很好地掌握飞行器总体设计的基本专业知识，必须合理地安排相关课程。由于各个学校所研究的飞行器对象的侧重不同，飞行器设计与工程专业的课程安排也有所不同。南京航空航天大学以航空飞行器为主要研究对象，飞行器总体设计方向的专业基础和专业课程主要有：

- ● 航空航天概论（1.5 学分）
- ★ 流体力学（3 学分）
- ★ 飞行器空气动力学（2.5 学分）
- ★ 飞行器飞行力学（3 学分）
- ★ 飞行器总体设计（2.5 学分）
- ● 飞行器发动机基础（2 学分）
- ● 空间飞行器设计（2 学分）
- ● 飞行器先进设计技术（2 学分）
- ● 飞行器设计中的创造学（1.5 学分）
- ● 现代航空工程（2 学分）

上述课程中，打★者为学位课，它们包含了所有的核心知识点，是飞行器设计与工程专业学生必须学好的课程，同时也是今后从事飞行器设计工作必不可少的知识基础。其余为专业选修课，以拓展专业知识面，有志于总体设计研究的学生应该选修这些课程。表 3.1 给出了航空飞行器总体设计研究方向的主要研究内容、核心专业知识点和主要课程的关联。

表 3.1 航空飞行器总体设计研究方向的主要研究内容、核心专业知识点和主要课程的关联

<table>
<tr><th>研究内容</th><th>核心专业知识点</th><th colspan="2">主要课程</th></tr>
<tr><td>飞行器的技术要求</td><td>系统工程、航空工程、技术发展趋势、经济性评估</td><td rowspan="5">航空航天概论
飞行器总体设计
飞行器先进设计技术
飞行器发动机基础
现代航空工程</td><td>空间飞行器设计</td></tr>
<tr><td>飞行器的总体布局与设计参数选择</td><td>系统工程、飞行器的升力、飞行器的阻力、飞行器的动力、六自由度质点运动学、六自由度质点动力学、系统优化设计、经济性评估、知识工程、飞行器的历史</td><td>流体力学
飞行器空气动力学
飞行器飞行力学
空间飞行器设计</td></tr>
<tr><td>飞行器的内部装载的布置</td><td>质量质心、维修性、经济性</td><td></td></tr>
<tr><td>飞机的性能与操稳特性</td><td>飞行器的动力、六自由度质点运动学、六自由度质点动力学、系统优化设计</td><td>飞行器空气动力学
飞行器飞行力学</td></tr>
<tr><td>新型/新概念飞行器</td><td>飞行器的历史、系统工程、系统优化设计、技术发展趋势</td><td>飞行器设计中的创造学</td></tr>
</table>

3.2.2 主干课程简介

飞行器总体设计方向的主干专业基础和专业课程有流体力学、飞行器空气动力学、飞行器飞行力学、飞行器总体设计。以下是对每门课程的简单介绍。

1. 流体力学

流体力学是一门理论性和实践性都很强的课程，是学习飞行器空气动力学、直升机空气动力学、飞行器总体设计等航空航天类专业课程的入门基础课程。流体力学知识在一般工程力学中有着广泛的应用。

飞行器在空气中飞行，空气对飞行器产生作用力，为了知道这些作用力，必须知道表面空气的压强、速度、密度等，为了知道表面空气的压强等必须去研究所有空气的运动规律和相互作用。本课程的任务是使学生认识和掌握流体运动遵循的基本规律，了解和掌握流体流过物体或在物体内流动时与物体间产生的相互作用力的研究手段和方法，特别是要较全面地掌握理论求解的方法；使学生初步具备飞行器气动力设计所需的流体力学知识，并为后续课程的学习和开展科学研究打好基础；使学生初步学会应用流体力学的理论和方法解决一些简单的工程实际问题；同时，结合本课程的特点，培养学生的自学能力、逻辑思维能力、流动现象的解读能力和数值计算能力。

在学习本课程时，学生应具备高等数学中的解析几何、微积分、常微分方程和理论力学有关力与运动等方面的基础知识。学生如果具有矢量代数、矢量分析和数理方程等方面的知识，将有助于本课程的深入学习。作为航空类本科生的专业基础课，还要求学生对航空航天等相关的工程背景有所了解。

2. 飞行器空气动力学

飞行器空气动力学是流体力学的后续专业基础课程。本课程从飞行器设计角度出发，较全面地介绍飞行器在低速、亚声速和超声速绕流时的空气动力特性。课程主要内容有：低速翼型的气动特性，重点介绍薄翼型理论和库塔—儒可夫斯基升力定理；机翼低速气动特性，重点介绍大展弦比直机翼有关的升力线理论；亚声速线化理论；超声速线化理论及跨声速和高超声速流动基础；黏流初步及 CFD 技术；等等。

学生通过本课程的学习，将对飞行器飞行在整个速度范围的空气动力特性有全面和系统的理解，并掌握空气动力学特性求解的基本理论和方法，初步具备飞行器气动力设计所需知识，并为学习后续课程和开展科学研究打好基础。

在学习本课程时，需先修高等数学、数理方程、复变函数、流体力学等课程，掌握基本的数学推导能力、方程组求解能力，具备基本的矢量代数、高等数学、数理方程及复变函数等知识基础。

3. 飞行器飞行力学

飞行器飞行力学是研究飞行器在外力、外力矩作用下运动规律的学科。飞行器飞行力学课程作为飞行器设计与工程专业的专业基础课，以飞机为主要研究对象，系统介绍飞行力学的基本知识、原理及研究方法。课程前半部分介绍飞行性能相关知识，包括飞行器质心运动方程及原始数据，基本飞行性能、续航性能、机动性能以及起飞着陆性能；后半部分介绍飞行器的稳定性和操纵性，包括飞行器刚体运动方程，纵向及横航向静平衡、静稳定性和静操纵性分析，动稳定性和操纵反应等；并且讨论、分析各设计参数对飞行性能和飞行品质的影响。

通过本课程的学习，学生可以了解飞行器的外力特性和基本运动规律，掌握飞行性能和飞行品质指标的定义、计算方法及其影响因素等基本概念和原理，建立飞行器飞行动力学系统总体设计的思路，培养解决飞行力学问题的实践能力，为飞行器设计、飞行控制律设计等专业方向的进一步学习或研究奠定基础。本课程还培养学生的建模能力、分析能力、计算能力和自学能力，拓宽知识面，更深入、全面掌握飞行力学知识。

在学习本课程时，学生应具备微积分、常微分方程组、理论力学、空气动力学以及自动控制等方面的基础知识，具有一定的分析、计算的基本技能。

4. 飞行器总体设计

设置飞行器总体设计课程的目的是通过飞行器总体设计，尤其是飞机概念设计流程的全面介绍，使学生掌握飞行器总体设计阶段所涉及的基本概念、主要思想、基础理论及方法，并且了解现代的飞行器总体设计方法与技术。本课程的主要内容包括飞机设计阶段的划分和飞机设计的依据、飞机的气动布局、飞机主要参数的选择、发动机的选择及其进气道与尾喷管的参数选择、飞机部件外形设计、机舱及装载布置、飞机的总体布置、飞机总体参数优化设计等。

本课程重视以综合的总体设计问题为引导，培养学生通过包括推理、分析、判断的逻辑思维过程，对飞机的总体性能具有定性分析的能力，掌握飞机的性能、参数的选择、发动机的选择、传动比等的计算原理和方法；培养学生的创新能力和团队合作精神，使学生能够运用已学知识积极主动地解决问题，并且为今后从事飞机设计实际工作或开展相关研究打下基础。

学生在学习本课程时，应具备空气动力学、飞行器发动机基础、自动控制原理、飞行力学、飞行器结构力学等方面的知识基础，对飞机的组成部分和工作原理有基本的了解。

本课程学习结束后，开设相应的课程设计环节，要求学生综合运用课程所学知识，并自学某些相关知识，进行模型飞机的总体设计，完成总体设计方案。

3.3 设计方法与手段

飞行器总体设计和其他学科领域一样经历了从经验的定性设计到半定性半定量设计的过程，目前正在向全定量的精准设计过渡，也即从过去的依赖经验数据、粗略估算和模型试验验证向数字化设计、虚拟试验、动力学仿真和全尺寸实物验证过渡。

3.3.1 传统的设计方法与手段

传统的飞行器总体设计采用的设计方法与手段主要是“定量系统分析 + 定性综合”，也即在飞行器总体设计的各个阶段根据飞行器的设计要求，参照同类或相近飞行器的设计经验和信息，勾画出飞行器的轮廓和方案，并通过经验数据、缩比模型试验、理论估算等手段对其进行定性评估，视评估结果进行修改或确认决策。

这一方法目前在总体设计的前期还被部分采用。该方法在飞行器的信息资料十分匮乏的情况下是比较奏效的，但是以这一方法进行飞行器设计时，通常采用的是串行工作模式，因此设计周期长且设计结果往往不是最优解，设计过程中设计师对于最终设计结果的精准性把握较差。

3.3.2 飞行器多学科设计优化

随着科学技术的不断进步，对飞行器的设计要求越来越多，也越来越高。例如，目前对大型客机和军用飞机的设计要求往往包括了飞行性能、结构强度和刚度、操稳、低噪声、隐身、可靠性、可制造性、维修性、保障性、成本和进度等诸多方面，而且这些不同方面的设计要求通常相互影响、耦合和制约。这使得飞行器设计涉及的学科越来越多，专业分工越来越细，设计周期也越来越长，开发成本越来越高。

在传统的飞行器设计过程中，专业流程通常是串行的，即在不同的设计阶段，设计人员应用相关的学科知识和经验，进行单一学科（或子系统）的“设计—改进”的迭代优化以获得最优解，如图 3.3 所示。这种设计模式实质上是将许多同时影响飞行器性能的因素人为地割裂开来，而没有充分利用各个学科（子系统）之间的相互影响可能产生的协同效应，这样就极有可能得不到飞行器的整体最优解，同时还加长了设计周期，增加了开发成本。

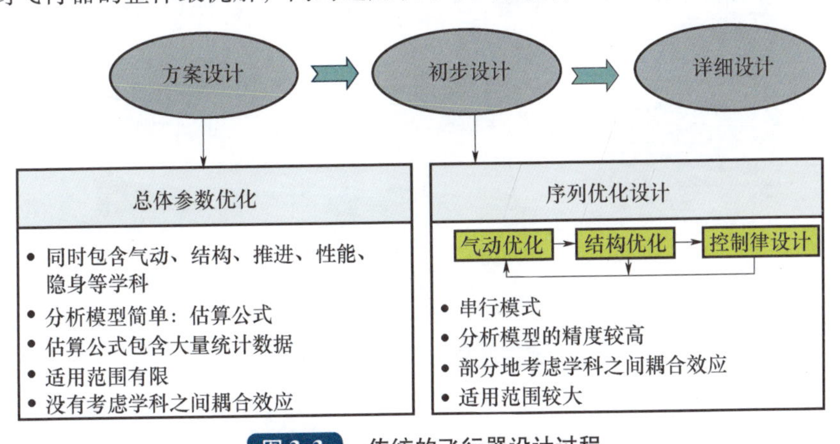

图 3.3 传统的飞行器设计过程

近年来，一个新的复杂系统设计方法——多学科设计优化（简称 MDO）

首先在飞行器设计领域兴起。其主要思想是在复杂系统设计的整个过程中，集成各个学科（子系统）的知识，通过探索和利用各子系统相互作用所产生的协同效应，利用多目标策略和计算机辅助技术来设计复杂系统及其子系统，以获得整体最优解（即产品质量或性能更好）。同时通过并行的专业流程，可以有效缩短设计周期，使研制出的产品在国际市场上更具有竞争力。

现有的飞行器设计工作在组织体系上一般都按专业划分，例如飞机设计单位一般都设有总体组、气动组、结构组、动力组、性能组等，符合 MDO 的框架，所以借助于分布式的计算机网络技术，就可以建立起飞机多学科设计优化的环境，其架构如图 3.4 所示。这种 MDO 模式是实现飞机一体化设计的一种重要技术途径，可运用 CAD、CFD、CAE 和其他计算机虚拟设计工具，采用先进的多学科设计优化算法，以全面的飞行器性能为目标，面向组成飞行器的各子系统并行交互地进行设计，以充分发现和利用飞行器各子系统的协同效应，设计出综合性能更好的飞行器，同时也能有效地缩短研制飞行器的周期。

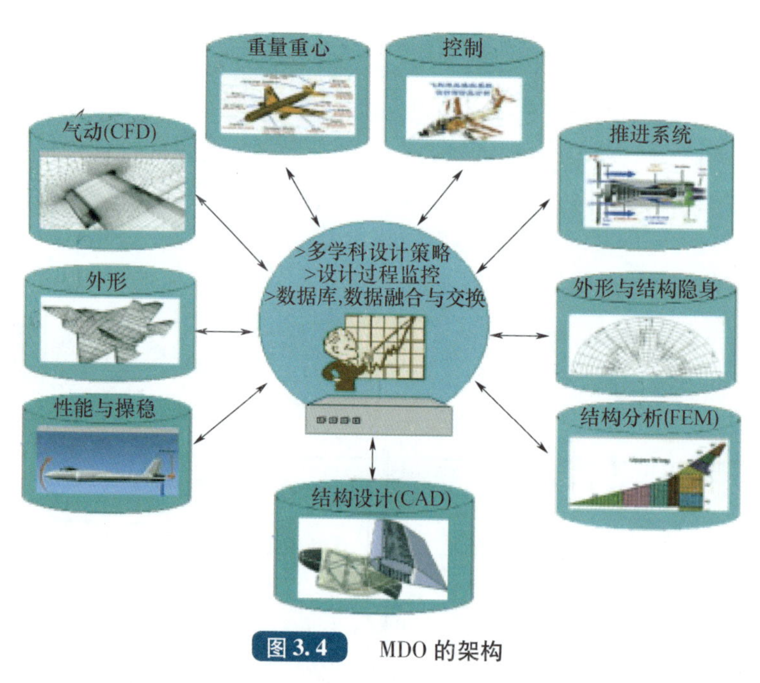

图 3.4　MDO 的架构

3.3.3　一体化综合优化设计

如前所述，航空航天技术是一项综合性技术，飞行器设计的过程，实际上就是对各种系统和技术进行权衡、折中、综合与优化的过程。所谓飞行器一体化综合优化设计是指在掌握丰富的航空航天专业技术的基础上，利用并行工程的设计方法和虚拟设计的技术手段，对飞行器所涉及的技术和系统进行全面的综合与优化，从而提高飞行器性能，降低研制成本，缩短研制周期。在实现手段上，飞行器一体化综合优化设计主要依靠并行工程、虚拟设计、仿真技术和综合优化技术。

通过飞行器一体化综合优化设计技术，可以实现飞行器设计工作中技术的集成、系统的集成、过程的集成、人员的集成和管理信息的集成。

(1) 技术集成是指在飞行器设计过程中，同时考虑多项技术对飞行器总体性能的影响，对各项技术参数进行统一的优化。

(2) 系统集成指的是将过去彼此独立的系统集成在一起，实现信息和资源共享，降低全系统的重量和成本，提高系统的可靠性。

(3) 过程集成是将飞行器设计、制造、使用维护和改进改型中将要遇到的技术问题进行统一考虑，从而实现设计—制造的一体化，并为今后的改进改型做好预先规划。

(4) 人员集成则通过计算机网络和虚拟设计系统使得处于不同地方的设计、制造和使用维护人员共同为飞行器设计进行工作，从而最大限度地发挥集体的智慧，减少设计中的疏忽和差错。

(5) 管理信息集成就是通过数据库和数据库管理系统，将飞行器设计过程中的各种数据、资料和设计方案利用数字化技术进行统一管理，以便于设计、制造、使用维护和管理人员准确、迅速、方便地获得各自所需的信息，从而提高工作效率，并为实现飞行器的一体化生产和全寿命期管理创造条件。

早在20世纪初，人们在研究飞机颤振问题时，就已经把飞机的结构和强度进行综合设计。20世纪70年代出现的主动控制技术，要求飞机设计人员必须把飞机的飞控系统与飞机的气动布局进行一体化设计。随后，美国通过“先进战斗机综合计划”，对任务自适应机翼、综合飞行—推进控制、二元矢量推力、反推力喷管等技术进行了比较深入的研究。同时，美国还重点加强了隐身技术的研究，使得隐身与气动的一体化设计逐步趋于成熟。这些航空专业技术的发展，为日后飞行器的一体化综合优化设计奠定了技术基础。

在设计手段上，随着计算机和软件技术的迅速发展，人们成功开发了一系列计算流体力学、结构分析、隐身性能分析、CAD/CAM以及使用、维护的计算机仿真软件，使飞行器设计人员在进行某项设计或修改之后能够迅速地分析和掌握飞行器的性能及其对制造和使用等方面的影响，从而极大地提高了设计效率。目前，飞行器一体化综合优化设计技术正受到越来越多国家的重视，无论是其理论研究还是工程应用都在不断取得突破，主要应用于解决强耦合、隶属性学科的一体化设计问题，如飞行器气动力—隐身、飞行器气动弹性—结构—材料、飞行器（如卫星）布局—结构—热耗散—电磁特性、雷达罩气动特性—结构与材料—电磁性能等。飞行器一体化综合优化设计技术对飞行器设计工作所带来的变化，有利于提高飞行器性能，降低研制成本，缩短研制周期，从而使飞行器的设计效率大大提高。

从系统工程的角度来看，当多个系统和设备组合在一起时，必然会产生相互影响和干涉，根据不同设计要求得出的设计方案往往是相互矛盾的。通过一体化综合优化设计技术，可以对系统方案和设计参数进行优化，对各种设计要求进行全面的折中，并把各系统之间的不利干涉降到最小，从而使飞行器的总体性能达到最优。以飞机的隐身性为例，为了获得良好的隐身性能，需要飞机具有较好的隐身外形，而飞机的隐身外形往往会造成飞机气动性能的下降，利用飞机一体化设计系统中的气动分析软件和隐身性能分析软件，就可以及时掌握各种设计方案对飞机隐身性和气动性的影响，对飞机的气动和隐身性能进行综合优化，从而得出气动性和隐身性俱佳的设计方案。目前，在飞机的隐身—气动、飞行—推力控制、飞行—火控和推力矢量等航空技术和航空系统方面都采用了一体化综合优化设计技术。

通过飞行器一体化综合优化设计，可以及早检查飞行器上各系统之间的协调性以及在制造、使用和维护上可能存在的问题，并及时予以解决，从而降低改正错误或改进设计所需要付出的代价；另外，利用一体化设计技术可以减少一些实物试验，由此降低飞机的研制成本。例如，法国达索公司在1981 年推出了 CATIA 计算机辅助设计软件，并将其用于飞行器一体化综合优化设计；1990 年，达索公司在“隼 2000”的设计中用 CATIA 制造了数字样机，从而取消了所有实物样机；1993 年，达索又将“阵风”项目全盘数字化，在产品的全寿命过程中均可共享全部数据，并且利用并行工程和虚拟现实技术提高了飞机的设计水平。

通过一体化设计，加速了设计、制造和使用维护人员之间的信息交流，便于检查和更改设计方案中可能出现的问题，从而提高设计效率，缩短研制周期。20 世纪 90 年代初，波音公司在研制波音 777 时首次采用了“无纸设计”“过程集成”“并行工程”等飞机一体化设计技术，使研制周期几乎比波音 767 缩短了一半，减少设计更改和返工率 50%，装配时出现的问题减少了 50% ~80%。

3.3.4 计算机辅助设计/制造与数值仿真

计算机辅助设计和制造，简称 CAD/CAM，指的是以计算机作为主要技术手段，处理各种数字信息与图形信息，辅助完成产品设计和制造中的各项活动。这是 20 世纪 60 年代以来迅速发展起来的一门新兴的综合性计算机应用技术。

在计算机辅助设计方面，人可以进行创造性的思维活动，将设计方法经过综合、分析，转换成计算机可以处理的数学模型和解析这些模型的程序，可以在程序运行过程中评价设计结果和控制设计过程；计算机则可以发挥其分析计算和存储信息的能力，完成信息管理、绘图、模拟、优化和其他数值分析任务。人和计算机相结合，在设计过程中两者发挥各自的优势，有利于获得最优设计结果，缩短设计周期。

计算机辅助制造是利用计算机对制造过程进行设计、管理和控制。一般说来，计算机辅助制造包括工艺设计、数控编程和机器人编程等内容。工艺设计主要是确定零件的加工方法、加工顺序和所用设备。近年来，计算机辅助工艺设计（CAPP）已逐渐形成了一门独立的技术分支。

因为设计系统只有配合了数字化加工才能充分显示其巨大的优越性，而数字化加工技术只有依靠设计系统产生的模型才能发挥其效率，所以，在实际应用中这二者就很自然地紧密结合了起来，形成了计算机辅助设计与制造集成系统。通常，CAD/CAM 系统指的就是这种集成系统。在 CAD/CAM 系统中，设计和制造的各个阶段可利用公共数据库中的数据，也即公共数据库将设计与制造过程紧密联系为一个整体。数字化加工系统利用设计的结果和产生的模型，形成加工机械所需的信息。利用 CAD/CAM 可大大缩短产品的制造周期，显著提高产品质量，从而产生巨大的经济效益。

CAD/CAM 技术随着计算机硬件和软件技术的迅速发展日趋完善，在飞行器设计行业得到广泛应用。CAD/CAM 技术使产品的设计制造和组织生产的传统模式产生了深刻的变革，成为产品更新换代的关键技术，被人们称为产业革命的发动机。在工业发达国家，CAD/CAM 已经形成一个推动各行业技术进步的、具有相当规模的新兴产业部门。

数值仿真包括了几何设计（CAD）、动力学仿真、虚拟现实与仿真等方面。

动力学仿真也称作动力学样机，是以研究对象的动力学/运动学模型为核心、其他相关模型为补充，利用多领域建模工具和仿真技术，在协同仿真环境的支持下所设计的虚拟样机原型系统。通过对动力学虚拟样机的仿真评估来代替对物理样机进行的总体设计性能的评估。由于是完全按照研究对象最本质的因素进行建模，因而在动力学特性上更接近于物理样机。如飞机动力学虚拟样机以飞机六自由度非线性全量动力学/运动学方程和其他航空电子系统为基础，对飞机总体性能进行概念设计、方案论证和总体设计的虚拟原型系统。

虚拟现实技术（VR）是一种可创建和体验虚拟世界的计算机系统，是计算机技术、计算机图形学、计算机视觉、视觉生理学、视觉心理学、仿真技术、微电子技术、多媒体技术、信息技术、立体显示技术、传感与测量技术、软件工程、语音识别与合成技术、人机接口技术、网络技术及人工智能技术等多种高新技术集成之结晶。它由计算机硬件、软件以及各种传感器构成三维信息的人工环境——虚拟环境，既可以是现实世界的再现，亦可以是构想中的世界，用户可借助视觉、听觉及触觉等多种传感通道与虚拟世界进行自然的交互。

虚拟仿真技术，则是在多媒体技术、虚拟现实技术与网络通信技术等信息科技迅猛发展的基础上，将仿真技术与虚拟现实技术相结合的产物，是一种更高级的仿真技术。虚拟仿真技术以构建全系统统一的、完整的虚拟环境为典型特征，并通过虚拟环境集成与控制为数众多的实体；各实体在虚拟环境中相互作用，或与虚拟环境作用，以表现客观世界的真实特征。虚拟仿真技术的这种集成化、虚拟化与网络化的特征，充分满足了现代仿真技术的发展需求。虚拟仿真可以用作设计工具，它以视觉形式反映了设计者的思想，把这种构思变成看得见的虚拟物体和环境，使以往传统的设计模式提升到数字化的、所看即所得的境界，可大大提高设计的质量与效率。

将 CAD/CAM 与数值仿真技术相结合，如美国虚拟设计的波音 777 飞机，便于检查和更改设计方案中可能出现的问题，及早检查飞机上各系统之间的协调性以及在制造、使用和维护上可能存在的问题，并及时予以解决，从而降低改正错误或改进设计所需要付出的代价，另外还可以减少一些实物试验，从而提高设计效率，缩短研制周期，降低研制成本。

3.4 南航在总体设计方向的特色

本专业历来重视新型/新概念飞行器设计与飞行器先进设计理论的研究，在新概念飞行器设计、飞行器总体综合设计理论和方法、飞行器设计先进试验技术等方面取得了显著的成绩，某些研究成果在国内具有领先地位。

3.4.1 新概念飞行器设计研究

本专业学科历来注重新概念飞行器的设计研究，自行研制成功了我国第一架大型无人驾驶靶机，并衍生了多个改型，到目前该型飞机已经生产了100多架，为我国的核武器、导弹等武器装备的试验立下了赫赫功勋；设计了第一架鸭式布局全复合材料结构的有人驾驶轻型飞机AD100，这是一种新型布局的飞机，随后又设计定型了AD200双座飞机、AC500五座公务机、FT200双座飞机、FT400四座飞机、“银河龙”号六座水上飞机，其中AD100、AD200、AC500和“银河龙”号六座水上飞机都取得了适航证；设计了第一架直升机，之后又设计了多种轻型直升机；设计了第一架飞翼式微型飞机，随后又设计了多种布局的微型飞行器。到目前为止，本学科共成功研制29种型号的各类飞行器，多个型号填补了我国飞行器的空白。图3.5是本专业学科设计的几款飞行器。

3.4.2 多学科设计优化

多学科设计优化（MDO）是一种针对复杂系统的设计方法论，是对传统设计方法论的发展，如图3.6所示。本专业的多学科设计优化（MDO）的研究起始于1995年，当时被称作综合设计优化。以航空飞行器为对象，研究飞行器总体－气动－隐身－结构－操稳－动力等学科耦合情况下飞行器设计的最优问题。主要研究内容及成果包括：多学科设计优化的方法与策略，提出了双代理模型的并行子空间协同优化（CO）方法和低自由度的协同优化（LDFCO）方法（图3.7）；高精度代理模型，发展了多种近似模型和评价方法；不同学科间的数据通信与交换，给出独立和统一基本平衡的模式；对于不同类型飞行器的MDO模式与设计应用；等等。图3.8为某中等展弦比弹翼的多学科设计优化的示意图，涉及到气动、结构、强度、隐身四个学科。

3.4.3 直升机总体设计

我校的直升机设计方向是飞行器设计的一个特色专业方向，直升机设计理论与技术在国际上知名。本专业王适存教授的“涡流理论”在国际上被载入直升机设计专业的经典教科书；高正教授的“涡环边界”理论被命名为“高/辛理论”，并被载入直升机设计手册。最近几年在新构型旋翼飞行器气动布局设计、飞行动力学设计等方面取得了令人注目的成就。

1. 涡流理论

直升机旋翼始终工作在自身产生的涡尾迹附近，旋翼涡尾迹对流场和气动特性具有重要影响。

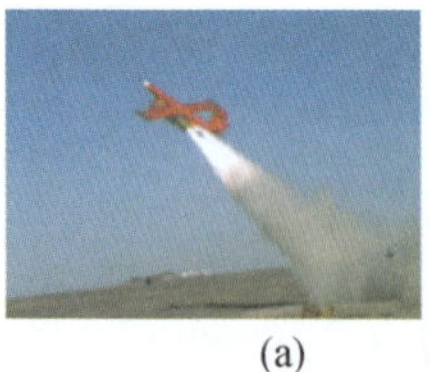

(a)

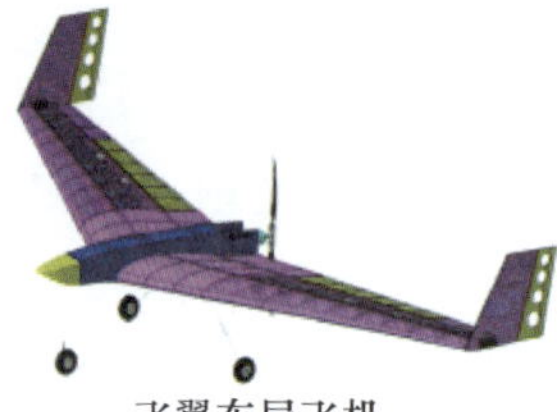

飞翼布局飞机

联结翼飞机

模块化设计的飞机“比翼鸟”

倾转旋翼综合试验台

(b)

双座轻型飞机

五座公务机

六座地效飞机

(c)

图 3.5　本专业学科设计的几款飞行器

(a) 无人机；(b) 概念飞行器模型；(c) 轻型有人驾驶飞行器。

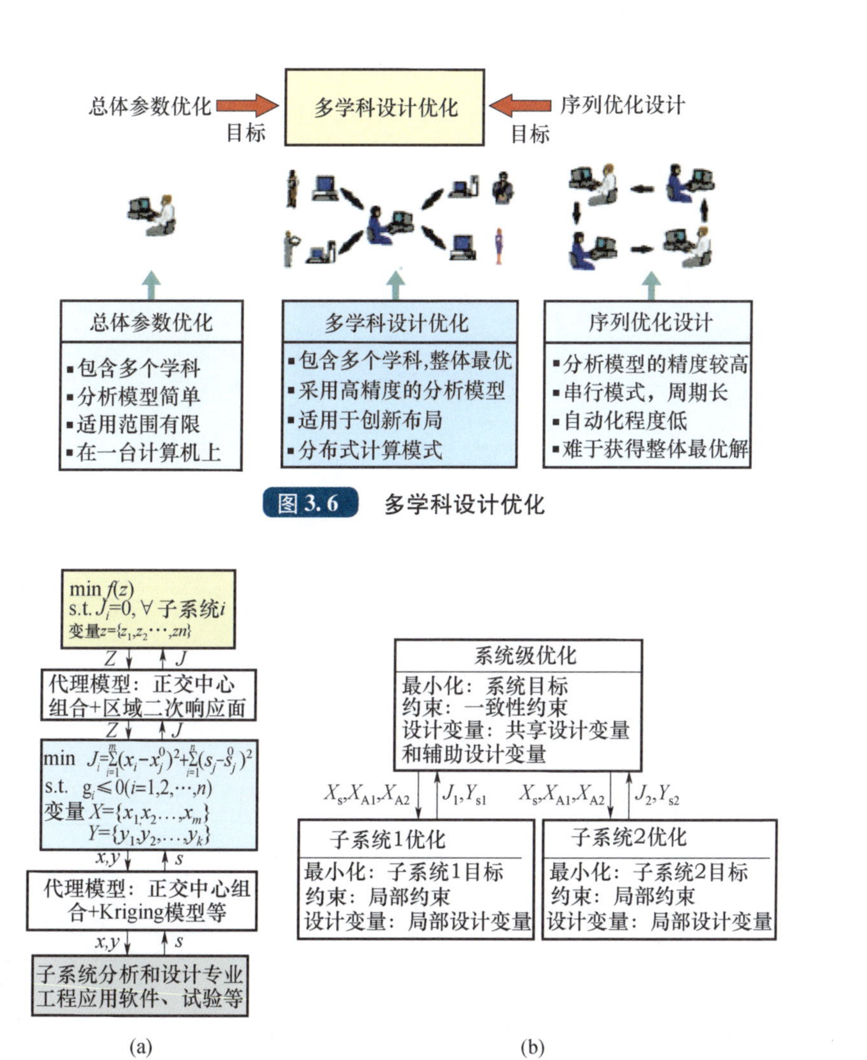

图 3.6 多学科设计优化

图 3.7 并行子空间法

（a）并行子空间协同优化（CO）方法；（b）低自由度的协同优化（LDFCO）方法。

确定旋翼周围流场特别是尾迹中诱导速度的分布是旋翼设计和桨叶气动载荷计算的关键。旋翼在悬停或垂直爬升时，可借用于螺旋桨在轴流状态的圆柱涡系经典涡流理论。但在前飞时，旋翼处于斜流中，尾迹涡系将是一个斜向柱体而且由于旋翼桨叶的来流左右不对称，除了纵向尾随涡还存在横向脱体涡，斜向涡柱的诱导速度求解是当时直升机空气动力学领域内的世界难题。本专业学科的王适存教授在苏联留学期间，考虑了纵横向涡线（图 3.9）

的一般情况，发现在斜向涡柱上沿母线的涡元强度和方向都是相同的，从而可以先沿母线求解，由此推导出了“广义涡流理论”，能够确定在任何定常飞行状态空间任一点的诱导速度。

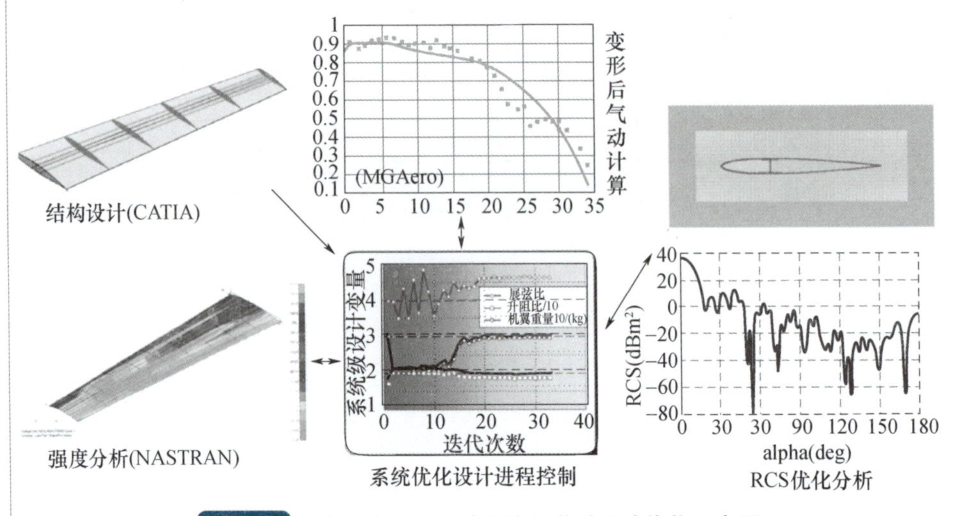

图 3.8　某中等展弦比弹翼的多学科设计优化示意图

王适存涡流理论的特点如下：

(1) 不仅考虑到直升机的平飞情况，而且考虑到水平飞行到垂直飞行间旋翼的各种可能的工作状态。

(2) 不仅能确定在桨盘平面上的诱导速度，而且能确定在空间任一点的诱导速度。

(3) 不仅估计到环量沿半径的变化，而且估计到环量沿方位角的变化。

(4) 不仅能求得诱导速度的轴向分量，而且能求得它的纵向及横向分量。

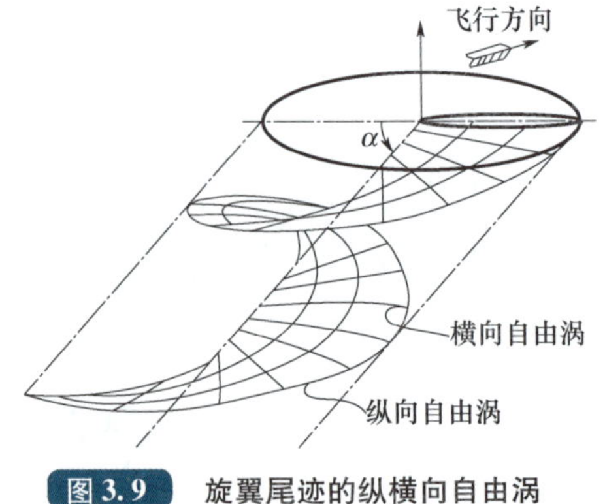

图 3.9　旋翼尾迹的纵横向自由涡

这项成果在 1961 年曾由苏联国防出版社发表，当年即由 NASA 全文转译以 AD 报告形式出版。随后在 1966 年由苏联著名直升机设计专家米里主编的经典著作《直升机》卷一中被详加介绍，并被命名为“王适存涡流理论”。王适存教授为经典涡流理论做出了重要贡献。

“王适存涡流理论”也被写入我国《直升机气动力手册》，并在直升机旋翼气动载荷等计算分析中得到了较广泛的应用。

2. 直升机涡环边界

涡环状态是旋翼类飞行器固有的飞行危险区域，直升机涡环状态边界的确定对直升机的飞行安全具有重要意义，高正教授取得的突破有：

（1）对涡环状态形成的机理、发生条件和进入涡环状态的力学及外观特性进行了大量模型试验，发现了旋翼进入涡环的首要特征——旋翼轴扭矩的异常变化；

（2）以试验结果为基础，建立了一套用于计算涡环状态边界的理论方法；

（3）在 R22 直升机上进行了飞行试验，验证了方法的正确性，并将涡环状态边界图加以完善。

该方法已被载入《飞机设计手册》第 19 册，已用于两种新型号直升机研制和现有民航直升机涡环边界的确定。美国海军研究院以本方法为依据，研制成功了直升机涡环状态报警器，并著文称其为“高－辛理论”。直升机涡环边界如图 3.10 所示。

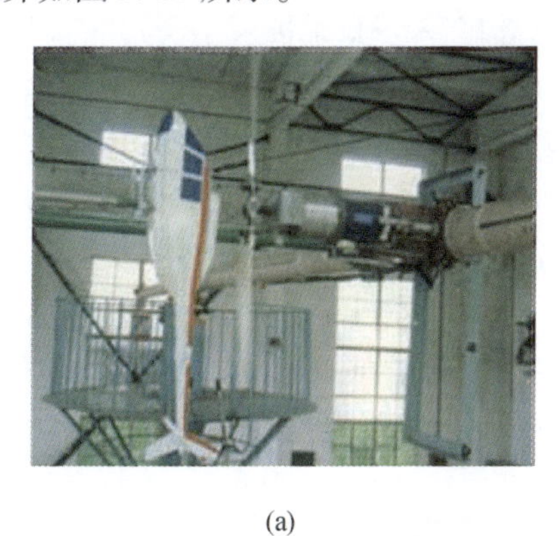

(a)

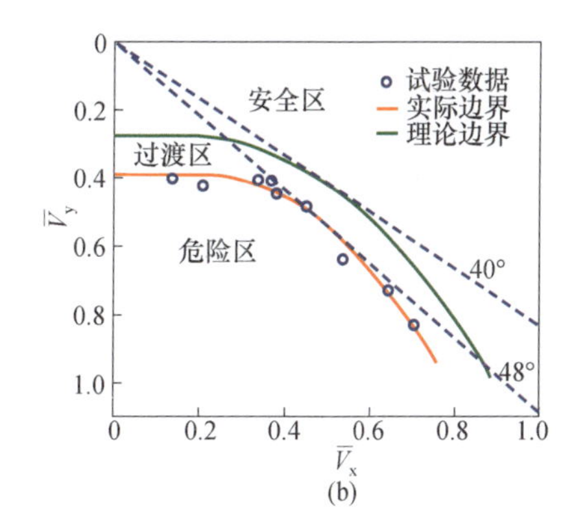

(b)

图 3.10　直升机涡环边界

（a）在旋臂机上做试验；（b）涡环边界（高－辛理论）。

3.5　发展趋势

3.5.1　新概念/新型飞行器

近年来新概念/新型飞行器发展迅速，从近几年出现的新概念/新型飞行器看，大致可以归并为下面几个类别：

（1）新能源类，如“氢燃料”飞机、太阳能飞行器、人力飞机等；

(2) 不同种类飞行器组合，如旋翼-固定翼复合式飞行器（如倾转旋翼飞行器）、“旋转”机翼飞机、飞艇-旋翼组合飞行器等；

(3) 多介质飞行器，如临近空间飞行器、火箭发动机飞机、空天飞机、气垫飞机、汽车飞机、潜射导弹、水下飞机等；

(4) 传统飞行器某一性能的特别延伸，如高超声速飞行器、长航时飞行器、超声速巡航民用飞机、大机动无人机、微型飞行器、高空飞机等；

(5) 非常规布局飞行器，如刚性旋翼直升机、“静音”超声速飞机、矢量推力无尾飞机、“联结翼”飞机、飞翼布局大型民用飞机等；

(6) 升力系统或飞行控制方式改变，如“康达效应”飞行器、扇翼机、扑翼飞行器、电控旋翼直升机、“智能变形”飞行器、等离子体舵面飞行器等。

对于航空飞行器而言，其性能可归为两大类，即飞行器平台性能和附加性能。

飞行器平台性能包括持续能力和机动能力两个方面，如图3.11所示。所谓持续能力也即耐力，是指飞行器的最大高度、最大航程、最大飞行时间等可表示飞行器活动空间和时间的能力。所谓机动能力是飞行器的最大速度、最大过载、爬升率、敏捷性等可表达飞行器运动变化率或变化梯度的能力。由图3.11可以看到，在飞行器平台性能的二维坐标系下，中间区域可以是有人飞行器，其他区域只能是无人飞行器，因为在这些区域已经突破了人类活动的极限。

航空飞行器的其他附加性能是指那些与平台性能关系不甚紧密的功能或能力，如隐身性能（包括雷达隐身、红外隐身、可见光隐身）、探测能力、通信能力、武器攻击能力等。

3.5.2 新理论、新方法和新技术

在飞行器发展的历程中，飞行器设计的新理论、新方法和新技术一直是绝大多数飞行器设计研究人员的研究内容。

每一代飞行器的出现必定是某些新事物集成的结晶，而新概念/新型飞行器的研制为设计理论、方法和技术的研究提出需求。如第四代战斗机高平台性能和隐身性能要求促进了气动布局技术的进步，综合采用了近距耦合鸭式布局、边条机翼、翼身融合、双垂尾等技术，同时通过外形、布置、材料、涂层等实现低雷达和红外探测的目的。

每一项与飞行器相关的主要技术的革命或某些技术的跃升都会造就一代飞行器。例如，航空动力由活塞式发动机变为喷气式发动机，航空飞行器由

低空亚声速变为高空超声速就成为可能；电传操纵系统是第三代战斗机的特征之一；高比例的复合材料结构是第四代战斗机的结构特征之一。

图 3.11　飞行器平台的性能

3.5.3　新手段

飞行器总体设计手段或工具进步主要是设计与验证的数字化，几何设计采用 CAD，性能评估采用 CAE。随着计算机技术和数值分析理论的发展，CAD/CAE 的重要性越来越高，设计效率也随之大大提高。

目前的飞行器设计既需要新思想和现代设计技术，也离不开以往的设计经验。如何将设计经验传承下去，目前还是一个正在探索的问题，知识工程（KBE）是解决这一问题的途径之一。

第4章 飞行器结构设计

飞行器结构设计是飞行器平台设计的三个主要研究内容之一。本章主要介绍飞行器结构设计的研究范畴、本科阶段相关的课程安排、本方向的设计方法与手段、我校在此领域的特色、本方向发展与创新等相关内容。

相对于总体设计，不同种类的飞行器的结构设计基本要求和设计方法的区别不大，只是具体的结构性能要求有所不同。

4.1 范畴

飞行器结构设计主要研究飞行器结构型式，结构先进设计理论、方法与手段，结构与材料/制造工艺，飞行器结构性能的评估等内容。

飞行器结构的基本设计要求是在满足强度、刚度和寿命的要求下，结构尽可能地轻。因为在同样的性能指标下，飞机结构重量减轻1%可使飞机的总重量降低3%～5%，油耗可减少3%～4%。对于飞船、空间站这类飞行器，每减轻1kg质量所增加的经济效益高达数万美元。因此结构减重对飞行器设计具有十分重要的意义，“为减轻每一克质量而奋斗”是飞行器设计的基本理念。

4.1.1 飞行器的结构型式

除个别类型外，绝大多数飞行器结构为薄壁结构，薄壁结构是一种由较薄的板件和加筋构件组成的结构。图4.1给出了几种典型的飞行器薄壁结构例子。

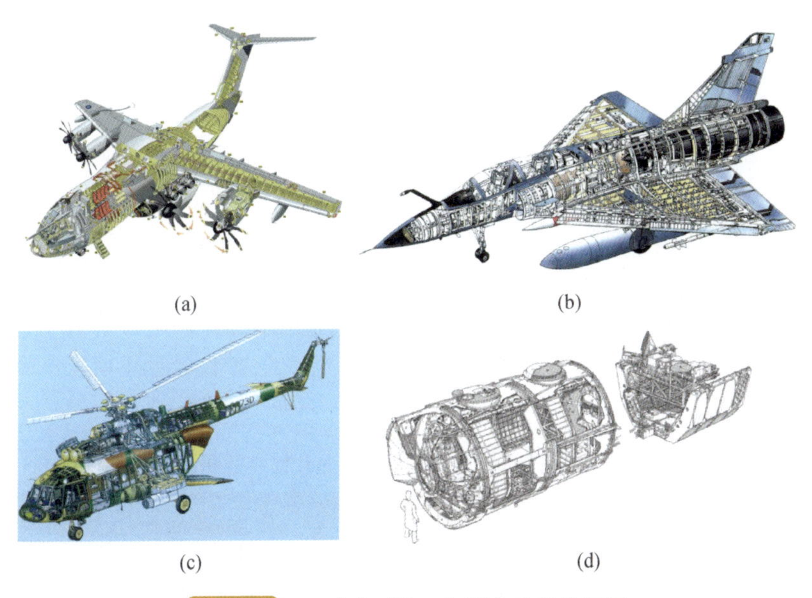

图 4.1　几种典型的飞行器薄壁结构例子

(a) A400M 运输机；(b) 幻影 2000 战斗机；(c) 米 – 17 直升机；(d) 空间实验室。

飞行器薄壁结构按其几何特征可分为两类，即扁平升力体和装载筒体。扁平升力体如航空飞行器的机翼、尾翼、舵面、控制面、桨叶和导弹的弹翼等；装载筒体如航空飞行器的机身、巡航导弹的弹体、火箭箭体、空间站等。

按照其受载的方式和严重程度，扁平升力体结构可设计成梁式、单块式和多腹板式结构，其基本剖面几何特征和结构特点见表 4.1。

表 4.1　扁平升力体结构型式的基本剖面几何特征和结构特点

型式	剖面几何特征	结构特点
梁式		• 主要受力构件是翼梁，蒙皮较薄 • 便于利用机翼的内部容积 • 开口不破坏原来的主要传力路线 • 机翼 – 机身连接简单方便 • 材料利用率低，结构的生存力较差
单块式		• 主要受力构件为加筋壁板 • 刚度特性较好 • 材料利用率较高，生存力较强 • 不宜开口 • 如无中央翼，翼 – 身连接复杂困难

（续）

型式	剖面几何特征	结构特点
多腹板式		• 无长桁，主要受力构件为蒙皮 • 刚度特性好 • 材料利用率高，生存力强 • 不宜开口 • 如无中央翼，翼－身连接复杂困难

主要用于装载的筒体结构按照其受载的严重程度和开口、装载物安装等功能需要，可设计成桁梁式、桁条式和硬壳式，其基本剖面几何特征和结构特点见表4.2。

表4.2　装载筒体结构型式的基本剖面几何特征和结构特点

型式	桁梁式	桁条式	硬壳式
剖面几何特征	≈90°		
结构特点	• 外载很小 • 桁梁为主要受力件，蒙皮用于维形和传剪 • 可以大开口	• 外载较大，结构刚度较大 • 加筋壁板为主要受力件 • 可以小开口	• 外载大，结构刚度大 • 蒙皮为主要受力件 • 不宜开口

飞行器结构型式的确定是飞行器结构方案设计的关键内容。在确定飞行器结构型式时，除了要充分考虑结构的力学特性外，还要考虑材料、工艺、经济性、环境适应性等众多因素，同时要关注科技发展的进程，及时适当地采用新材料和新工艺。

4.1.2　飞行器结构设计理论

飞行器以薄壁结构为主。薄壁结构具有重量轻、承载能力强的特点，但是其传载方式复杂，破坏模式众多。如何设计飞行器结构使其性能最佳是结构设计面临的主要任务。为了实现最佳设计，必须研究飞行器结构的性能评估理论与方法，这些是本专业本科阶段学习的主要内容之一。

飞行器结构设计理论包括结构优化设计（包括结构综合设计理论、结构一体化设计理论等)、结构抗疲劳设计、结构防断裂设计、结构可靠性设计等。

结构优化设计研究的是飞行器结构在满足约束条件下按设计目标求出最优设计，其约束条件可能包括结构强度、结构刚度、疲劳寿命、振动特性、稳定性、尺寸范围、制造要求等，设计目标可以是重量最轻、造价最小、寿命最长等，既可以是单目标也可以是多目标的。按照结构优化设计的层次，结构优化问题可分为尺寸优化、形状优化、布局优化和型式优化（有时将布局优化和型式优化称为拓扑优化)。从数学角度看，优化设计就是复杂函数的求极值问题。但是因为结构优化问题中，设计变量众多，并可能包含连续和离散变量，目标函数和约束函数都是高度非线性的，且一般无法用数学表达式表达，并且有时为非连续和非光滑函数，导致目前结构优化理论还不很完备，解决工程设计问题有时还力不从心。目前尺寸优化问题已得到了较好的解决，形状优化问题也有了一些较好的解决办法，但是布局优化和型式优化问题还远没有解决。

结构抗疲劳设计研究的是结构在反复载荷作用下的长寿命设计。结构抗疲劳设计的基础是试验、经验、统计分析和力学分析等方法与技术。专业术语“疲劳”用来表达材料在反复载荷作用下的损伤和破坏。一次加载导致材料或结构失效的最大载荷被称为静强度，反复载荷作用导致材料或结构失效的情况被称为疲劳，常幅疲劳载荷的作用次数被称为疲劳寿命，其载荷被称为疲劳强度。影响结构疲劳强度的因素很多，如材料、工艺、服役环境、使用方式等，并且很多因素目前还未能从机理上解释其影响规律。结构抗疲劳设计主要包括三方面的内容，即材料疲劳性能的表征、结构疲劳载荷谱的确定和结构抗疲劳设计方法。飞行器结构抗疲劳设计的目标是在不增加结构重量的前提下，使飞行器结构的寿命最长。对于一次性使用或使用次数不多的飞行器，疲劳问题可以不考虑，但对多次重复使用的航空飞行器结构，其疲劳问题必须予以考虑，且是一个十分重要但还没有很好解决的问题。

结构防断裂设计研究的是结构存在缺陷的情况下的抗破坏设计。结构防断裂设计的理论基础是断裂力学，对于航空飞行器结构防断裂设计已有了一套比较完备的设计体系，称为损伤容限设计。由于结构材料固有缺陷的存在和制造使用过程中不可避免地会引入诸如裂纹之类的缺陷，飞行器结构的破坏常常源于这些缺陷。影响结构断裂性能的因素有材料、工艺、装配、服役环境、载荷历程等。结构防断裂设计主要包括三方面内容，即材料断裂性能的表征、结构所受的载荷和环境、断裂强度和/或寿命的评估方法。对于大多数塑性性能较好的工程材料，结构的强度对于“微小”缺陷不太敏感，但是这些微小缺陷对反复载荷作用下的结构的疲劳裂纹扩展寿命却有很大影响。因此对于一次性使用或使用次数不多的飞行器，防断裂问题也可以不予考虑，但对多次重复使用的航空飞行器结构，防断裂问题必须予以考虑。

结构可靠性设计研究的是结构在规定的时间内和规定的使用条件下的高可靠性设计，其数学基础是概率论、数理统计、不确定性数学等。工程结构在服役中经受着复杂的载荷和环境作用，结构设计人员必须面对各种不确定性，在结构安全性评定中，这些不确定性成了评定的难点，而结构可靠性设计能够较好地处理这些不确定性。

4.1.3 飞行器新型结构

随着材料技术和制造技术的进步，以及设计思想和技术的演变，飞行器的新型结构不断出现，它们大多是传统结构与其他学科技术结合的产物，如功能结构、梯度结构、复合结构、仿生结构等。这些结构的一个共同点是在同样的结构重量下可以实现更多的功能或具有更好的性能，换言之就是实现同样的功能或性能所需的结构重量更少。

功能结构包括智能结构、变体结构等。飞行器主结构的基本功能是承力传载，次结构的基本功能是维形、分隔、支撑等。在飞行器结构原有功能的基础上附加其他功能是飞行器结构减重设计的途径之一，也是提高飞行器结构综合性能的主要措施之一。飞行器主结构可附加的其他功能有结构健康监测与控制、变形控制、动响应控制、防冰/除冰、减阻增升、RCS 消减、雷电防护等；飞行器次结构可附加的其他功能有吸声/隔声、隔热、电磁屏蔽等。将飞行器结构的基本功能和附加功能合二为一的结构称为功能结构。功能结构可分为两大类，即结构状态监测类和结构状态控制类。状态监测类功能结构的基本工作原理是“结构有限个空间位置点的物理状态感知→感知信号分析处理→全结构（局部结构）空间物理场反演”，如图 4.2 所示；状态控制类功能结构的基本工作原理是“结构有限个空间位置点的物理状态感知→感知信号分析处理→全结构（局部结构）空间物理场反演→结构状态控制”，如图 4.3 所示。

结构健康监测技术被视为提高飞机安全性、降低维护费用的关键技术之一。因此波音公司和空客公司这世界两大主要民用飞机制造公司都非常重视结构健康监测技术的研究。波音公司在新型飞机 7E7 上探索采用了结构健康监测技术来探测结构微裂纹。空客公司也积极开展了这一领域的研究，探索了多个机型的健康监测的实现，包括 A320，A340－600 等；这一技术在新机型（如 A380）上的应用，也是空客公司结构健康监测技术探索研究的目标之一；图 4.4 所示为空客公司民机健康监测关键部位。

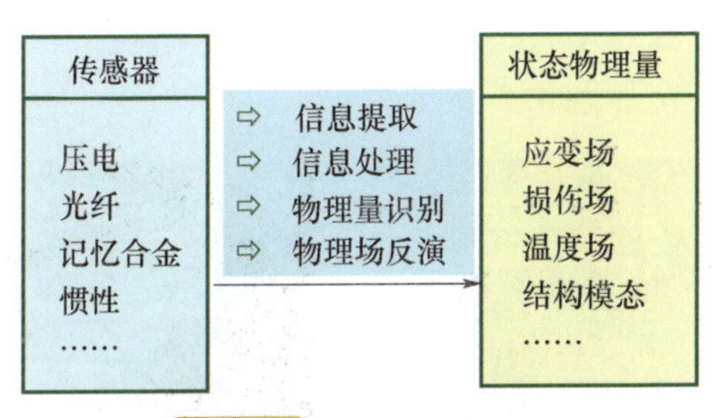

图 4.2 结构状态监测

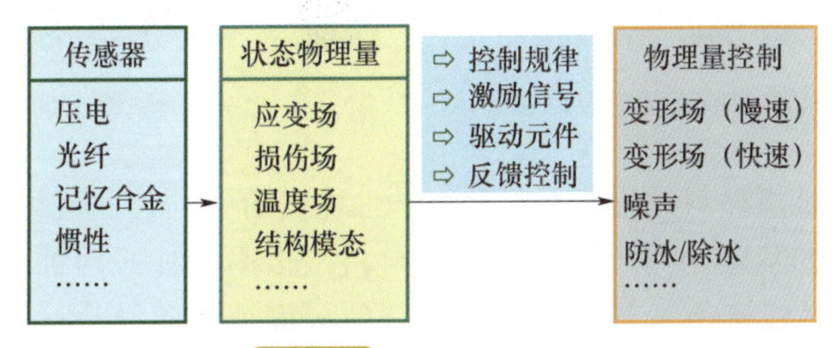

图 4.3 结构状态控制

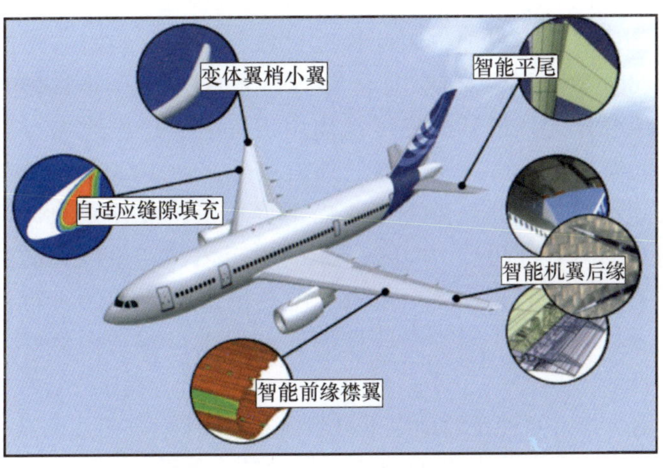

图 4.4 空客公司民机健康监测关键部位

美国军方和政府部门的多项研究计划中都采用了结构健康监测技术。为发展 21 世纪空间技术，美国空军提出了著名的“预测计划 II”，该计划主要是对光纤传感器在飞行器智能蒙皮结构健康监测中的应用进行实验探究，欲利用光纤传感器对飞行器物理参数进行监控。例如，在美国空军的资助下，针对 F－18，F－22，JSF 和 DC－X2，X－33 等飞行器，已进行了结构健康监测技术的应用基础研究。X－33 型航天飞机及粘贴在 X－33 航天飞机液氢燃料罐上的光纤传感系统如图 4.5 所示。

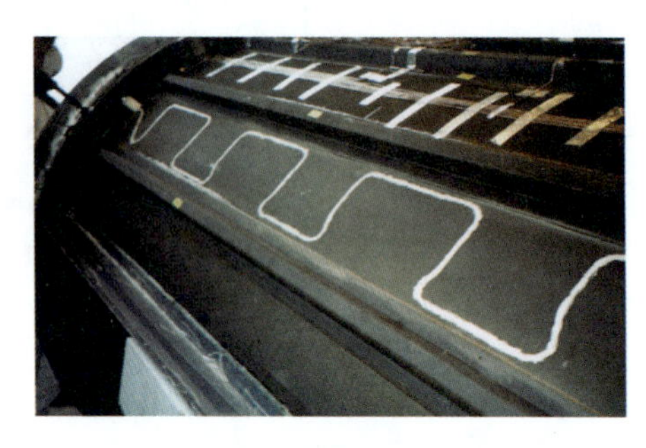

图 4.5　X－33 型航天飞机及粘贴在 X－33 航天飞机液氢燃料罐上的光纤传感系统

梯度结构是指材料的物理性能和力学性能随着空间位置连续变化的结构，实现梯度结构的基础是梯度材料。梯度材料是指用两种或两种以上性能不同的材料，通过连续地改变其组成和结构，使界面消失而导致材料的性能随着材料的组成和结构的变化而连续变化的材料。虽然梯度材料和复合材料都是由两种或两种以上的材料组成，但梯度材料的性能是随空间连续变化的，且不同材料组分之间没有界面，因此梯度材料与复合材料有本质的区别。梯度材料有不同种类金属、金属/非金属、非金属/陶瓷、金属/陶瓷、陶瓷/陶瓷等多种组合方式。最早的梯度结构用于解决高超声速飞行器中材料的热应力缓和问题。因为高速飞行器的外表温度高达 1000℃以上，但飞行器内部的设备却不能在如此高温下工作而不得不采用环控系统进行冷却，这导致结构两侧的温差可超过 1000℃，致使材料内部产生巨大的热应力。目前梯度材料主要用于有耐腐蚀、耐磨、电磁屏蔽等要求的飞行器结构，对于具有高强度、高硬度、耐冲击等性能要求的飞行器结构部件，其同样将是很好的选择。

复合结构是指由两种及两种以上材料或/和构件组合而成的结构，如复合材料结构、夹芯结构、点阵结构、Glare 结构等，如图 4.6 所示。每类结构又可以采用多种材料组合，如复合材料结构有玻璃纤维增强树脂基复合材料（GFRP）结构（简称玻璃纤维复合材料结构）、碳纤维复合材料（CFRP）结构、碳纤维陶瓷复合材料（CFRC）结构、碳纤维金属复合材料（CFRM）结构等，夹芯结构有蜂窝夹芯结构、泡沫夹芯结构、皱褶夹芯结构、波纹夹芯结构等。采用复合结构的主要目的有两个，一是新型复合结构比传统的金属结构重量轻，如纤维增强树脂基复合材料（FRP）结构；二是用于解决飞行器结构因不同的性能要求而产生的矛盾，如夹芯结构用于协调结构的强度和刚度矛盾、Glare 结构主要用于解决结构强度和损伤容限的矛盾、芳纶纸皱褶夹芯结构可兼顾结构的强度、刚度和减振降噪要求等。与梯度结构不同，复合结构在不同材料组分或构件之间存在界面，这就可能引起层间破坏这种失效模式。但是相比梯度结构，复合结构的材料和加工的成本较低，结构设计的难度也较低。

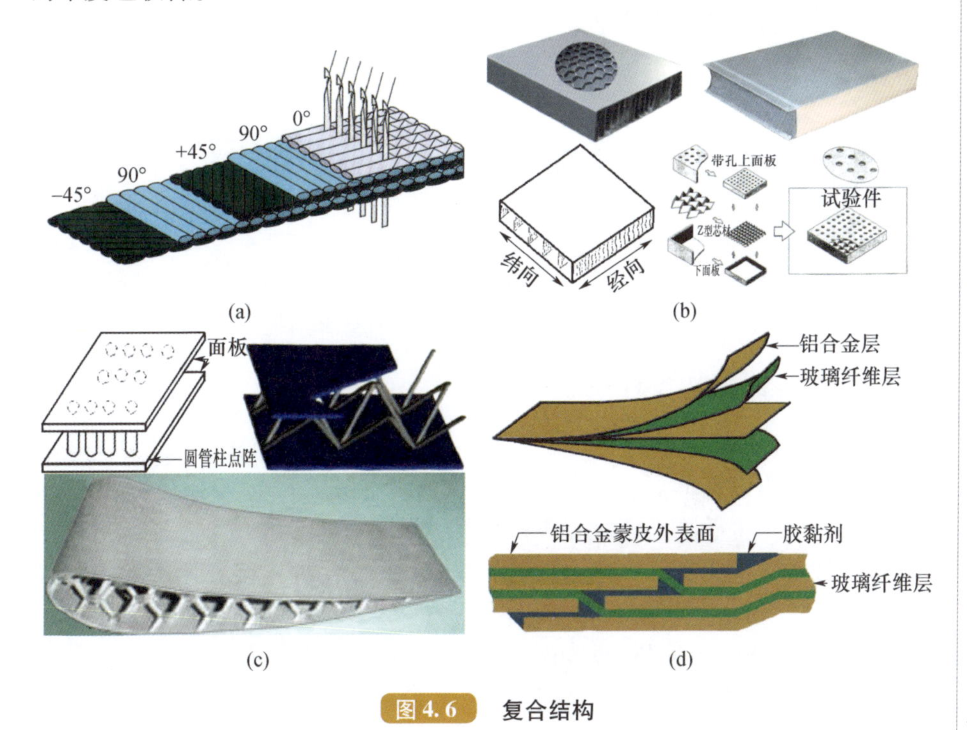

图 4.6　复合结构

（a）复合材料结构；（b）夹芯结构；（c）点阵结构；（d）Glare 结构。

仿生结构指的是模仿自然界中生物“优良设计”的各种特点或特性而开发的新型结构。仿生结构在航空器结构中有诸多的应用。如蜂窝结构材料实现了重量、强度和刚度的最佳平衡，由此构造的蜂窝夹层结构强度大、重量轻、隔声和隔热性能好，已广泛应用于飞行器结构。又如巡航导弹的弹翼或飞机全动平尾结构型式模仿了自然界中某些树叶的构造，如图 4.7 所示，这是因为弹翼的受载情况与树叶的受载情况相似。对于大展弦比的弹翼，采用主杆枝叶型式；而对于小展弦比弹翼则往往采用放射骨架型式。

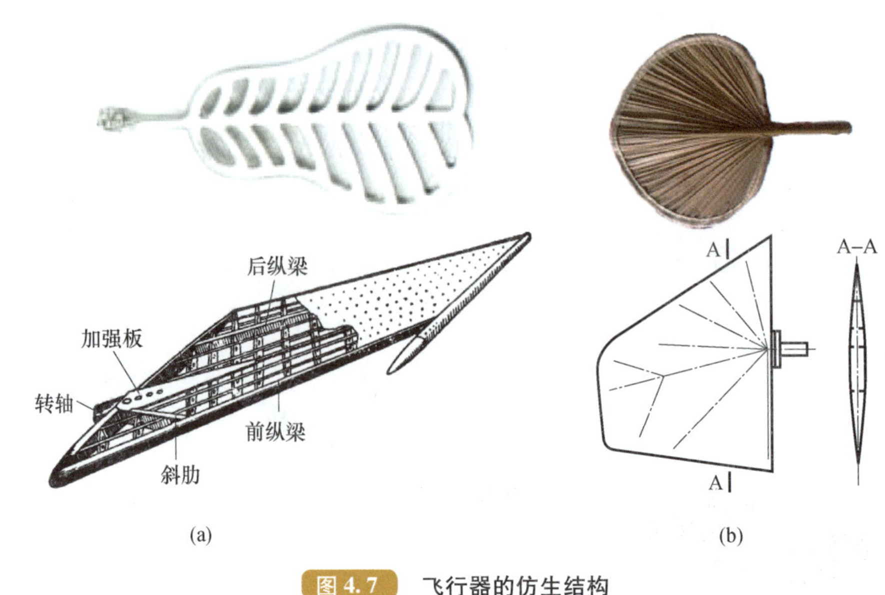

图4.7 飞行器的仿生结构

(a) 较大展弦比全动平尾；(b) 小展弦比弹翼。

4.1.4 飞行器结构设计技术

飞行器结构的设计理论主要是从设计思想、设计原理和设计方法等方面研究飞行器结构设计问题，而飞行器结构的设计技术则主要是从设计手段、设计工具、技术途径等方面研究飞行器结构设计问题。研究飞行器结构设计的理论和技术的目的都是快速地设计出最佳的飞行器结构。飞行器结构的先进设计技术主要包括计算机辅助设计与分析（CAD/CAE）、飞行器结构设计的知识工程（Knowledge Based Engineering，KBE）两个方面。

计算机辅助设计与分析（CAD/CAE）已经在飞行器结构设计中普遍采用。

CAD（Computer Aided Design）即利用计算机及其图形设备帮助设计人员进行设计工作。在设计中通常要用计算机对不同方案进行大量的计算、分析和比较，以决定最优方案；各种设计信息，不论是数字的、文字的或图形的，都能存放在计算机的存储器中，并能快速地检索；设计人员通常用草图开始设计，将草图变为工作图的繁重工作可以交给计算机完成；由计算机自动产生的设计结果，可以快速作出图形，使设计人员及时对设计作出判断和修改；利用计算机可以进行与图形的编辑、放大、缩小、平移和旋转等有关的图形数据加工工作，并可展现新开发商品的外型、结构、色彩、质感等特色；计算机系统按照权限可以实时协调不同设计员的设计工作。目前，飞行器结构设计已全面进入三维设计，且 CAD 系统已成为设计者的专业知识中更“智能”的部分。

CAE（Computer Aided Engineering）是用计算机进行辅助求解飞行器结构强度、刚度、屈曲稳定性、动力响应、热传导、三维多体接触、弹塑性等力学性能，开展结构的动力学和机构的运动学分析，进行结构的优化设计等工作。应用 CAE 能有效地对飞行器结构进行仿真检测，确定结构的相关参数，可极大地加快飞行器结构设计的速度，并帮助结构设计师提高结构设计的质量。

知识工程是一门以知识为研究对象的新兴学科。KBE 是一个计算机专家系统，是对领域专家知识的继承、集成、创新和管理，利用人工智能和 CAD/CAE 技术的结合，建立表示和处理知识的模型，并通过知识的驱动和繁衍，对工程问题和任务提供最佳解决方案的计算机集成处理结果。飞行器结构设计的 KBE 是一种为适应现代结构数字化设计的深层次发展需求而产生的新型智能设计方法和设计决策自动化的重要工具。KBE 是由多种技术相互交叉、渗透与集成而形成的一种新型技术。以三维 CAD 系统、仿真系统、产品数据管理系统为底层，将知识表示、建模、挖掘、繁衍、推理、集成、管理等工具集应用于工程设计开发的各阶段和各方面，旨在提高工程设计的效率和精确度，从而提高结构设计的质量并加快设计速度，如图 4.8 所示。

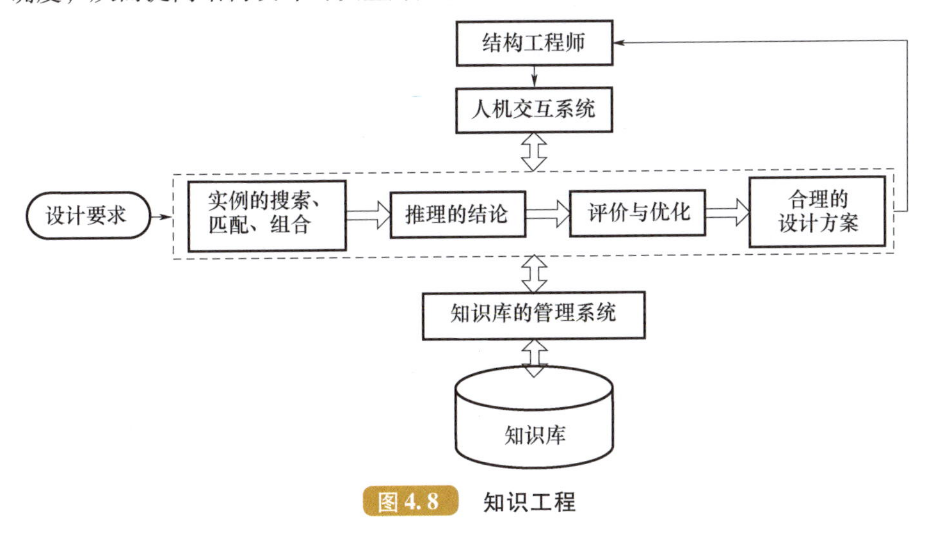

图 4.8 知识工程

4.2 教学安排

在飞行器结构设计领域，本科阶段主要学习飞行器结构设计的基本知识，硕士研究生阶段主要学习飞行器结构设计理论和进行飞行器结构设计的理论和技术研究，博士研究生阶段则主要从事新型飞行器结构和飞行器结构设计新理论的研究。

4.2.1 本科阶段相关课程安排

本科阶段与飞行器结构设计相关的专业核心知识点有飞行器结构材料、工程图学、机械设计、材料力学、结构力学、结构设计、先进设计理论、先进设计技术等。每个核心知识点又包含若干知识要素，例如飞行器结构材料由黑色金属、有色金属、复合材料、物理性能、力学性能等要素构成；材料力学由应力、应变、变形、强度理论、稳定性、静定与静不定结构、能量法等要素构成；飞行器结构设计由结构设计思想、结构载荷、设计原理、结构型式、结构布置、薄壁结构、传力分析等要素构成；结构设计理论由结构优化、结构疲劳、结构断裂、结构可靠性等要素构成。

除了这些核心知识点外，还有诸多的一般性专业知识点，如机构运动学、结构动力学、工程图、机械加工、数控加工、柔性制造、结构装配等。

如前所述，一门专业课程通常包含了多个专业知识点，并且某些专业知识点在多门课程中从不同的角度加以阐述。如飞行器结构设计课程包含了结构设计思想、结构载荷、设计原理、结构型式、结构布置、薄壁结构、传力分析、起落架、气动弹性等多个知识点，而知识点"结构载荷"同时又是空气动力学、飞行力学和飞行器结构设计这三门课程的重点内容之一，分别从产生升力的原理、质点运动、飞行包线等角度加以阐述，同时该知识点在理论力学、结构振动、飞行器先进设计技术等多门课程中都有所涉及。

为使学生能很好地掌握飞行器结构设计的基本专业知识，必须合理地安排相关课程。根据我校飞行器设计与工程专业以航空飞行器为主要研究对象的特点，针对航空飞行器结构，安排如下专业基础和专业课程：

- ● 航空航天概论（1.5 学分）
- ★ 工程图学（5.5 学分）
- ★ 材料力学（4 学分）
- ★ 弹性力学（1.5 学分）
- ★ 机械设计基础（3.5 学分）
- ★ 互换性与技术测量（1.5 学分）
- ★ 工程材料与热加工（2.5 学分）
- ★ 飞行器结构力学（2 学分）
- ★ 飞行器结构设计（4 学分）
- ● 复合材料力学（2 学分）

- 结构有限元（2 学分）
- 结构优化设计（1.5 学分）
- 结构疲劳断裂与可靠性（2 学分）
- 结构动力学（3.5 学分）
- 结构试验技术基础（1.5 学分）
- 飞行器先进设计技术（2 学分）
- 飞行器设计中的创造学（1.5 学分）

同样，打★者为学位课，包含了所有的核心知识点，是飞行器设计与工程专业学生必须学好的课程，同时也是今后从事飞行器设计工作必不可少的知识基础；其余为专业选修课，以拓展专业知识面，有志于结构设计研究的学生应该选修这些课程。表 4.3 给出了航空飞行器结构设计研究方向的主要研究内容、核心专业知识点和主要课程的关联。

表 4.3　航空飞行器结构设计研究方向的主要研究内容、核心专业知识点和主要课程的关联

<table>
<tr><th>研究内容</th><th>核心专业知识点</th><th colspan="2">主要课程</th></tr>
<tr><td>结构材料</td><td>高强度钢、有色金属、复合材料、材料物理性能、材料力学性能</td><td rowspan="5">航空航天概论
飞行器结构设计
飞行器先进设计技术
飞行器设计中的创造学
现代航空工程</td><td>工程材料与热加工
复合材料力学</td></tr>
<tr><td>结构制造</td><td>材料可加工性、冷加工、热加工、特种加工、表面处理、连接、装配、误差、数字化制造</td><td>工程图学
工程材料与热加工
互换性与技术测量</td></tr>
<tr><td>结构设计</td><td>结构设计思想、结构的外载荷、结构设计基本原理、传力分析、结构的型式、结构布置、结构尺寸、结构维修性</td><td>机械设计基础
飞行器零构件设计
结构优化设计</td></tr>
<tr><td>结构性能评估</td><td>结构应力和应变、结构变形、稳定性、静强度、动强度、断裂强度、热强度、疲劳寿命</td><td>弹性力学
材料力学
结构有限元
飞行器结构力学
复合材料力学
振动分析与测试
结构疲劳断裂与可靠性</td></tr>
<tr><td>新型/新概念飞行器结构</td><td>新材料、新工艺、结构优化设计、技术发展趋势</td><td>结构优化设计</td></tr>
</table>

4.2.2 主干课程简介

飞行器结构设计方向的主干专业基础和专业课程有材料力学、飞行器结构力学、飞行器结构设计。以下是对每门课程的简单介绍。

1. 材料力学

材料力学是一门用以培养学生在飞行器设计中有关力学方面设计计算能力的技术基础课程。本课程主要研究工程结构中构件的承载能力问题。主要内容包括材料的各种基本变形及其组合变形，应力和应变分析，构件的强度、刚度和稳定性问题以及动载荷和交变应力等。

学习材料力学的目的是，培养学生对构件的受力分析、应力和应变具有清晰的概念和必要的基础知识，正确理解和掌握课程所涉及的基本概念、假设和结论，具有将实际问题抽象成为杆的拉压、轴的扭转、梁的弯曲或组合变形力学模型的能力以及根据力学基本原理建立相应数学模型的能力，掌握杆件的强度、刚度和稳定性计算的基本理论、基本概念和基本计算方法，较全面地了解常用金属材料的基本力学性能，掌握初步的实验分析能力，并且了解材料力学应用的工程背景，为学习有关后续课程奠定基础。

本课程的先修课程有高等数学、大学物理、理论力学等。

2. 飞行器结构力学

飞行器结构力学是固体力学理论应用于飞行器结构的一个分支学科，是飞行器结构设计的重要理论基础。本课程以飞机结构为对象，以杆系和薄壁结构为重点，研究杆系和薄壁结构的组成原理及其受力和变形分析以及飞行器结构在载荷和环境作用下的应力、变形、稳定性及其结构合理性。在讲解静定、静不定杆系结构内力和变形计算的基础上，针对飞行器结构的特点，重点介绍受剪板杆式薄壁结构和薄壁梁式结构的内力和变形计算。结构力学是一门理论性、逻辑性、工程性、实践性都很强的专业基础课程，不仅是其他一些专业课和后继力学课程的基础，并且同工程实际结合紧密。

本课程要求学生了解和掌握结构的受力与传力特点，了解和掌握结构设计与结构强度计算必要的基本概念、基本理论和基本分析计算方法，并受到基本技能的训练，了解结构布局、结构传力特性、结构强度和刚度对实现结构功能的影响。培养学生将实际结构简化、抽象成为计算模型的建模能力，并选择适当的分析方法；通过综合所学的知识，对结构的性态具有定性分析的综合处理能力，并能建议出不同的结构方案；具有基本的结构设计和强度计算的分析计算能力。为学习后续课程以及从事结构设计和强度计算工作打下良好基础。

本课程的先修课程有高等数学、线性代数、大学物理、理论力学、弹性力学、材料力学等。

3. 飞行器结构设计

飞行器结构设计是飞行器设计与工程专业最主要的三门专业课之一，是一门理论和实践紧密结合的课程。课程的主要内容包括介绍飞机结构设计的基本理论和基本方法，介绍飞行器结构设计的基本思想，飞行器的外载荷及强度规范，飞行器结构的选材方法，飞行器结构设计基本理论与方法，各类典型的飞机结构型式，介绍机翼、机身、尾翼、操纵面、起落架等飞机主要部件的结构设计原理与方法，并讲授创新设计的思想、介绍创新结构设计的实例以及进行创新设计的实践活动。

本课程的任务是使学生掌握飞机结构设计的基本知识——主要包括飞机结构设计的一般过程、飞机结构的载荷计算、飞机结构设计的一般理论与方法、结构分析的传力路线方法、飞机典型结构的设计等；培养实践能力——采用现场课、讨论课和虚拟试验等教学方式，在结构传力分析和典型结构设计的过程中使学生认识到实践的重要性，并提高其实践能力；培养综合分析能力——在介绍飞机结构的分析与设计过程中，使学生认识到一个性能优越的结构设计需要纵观全局，兼顾多方面的要求，平衡各种关系；培养学生的创新设计能力——在整个课程的讲授中贯彻创新设计的理念，通过很多实例贯彻创新设计的思想，激发学生的创新设计意识。

本课程的先修课程有工程图学、材料力学、飞行器结构力学、理论力学、空气动力学、飞行力学、力学实验等。

本课程理论教学结束之后，开设有相应的课程设计。

4.3 设计方法与手段

与其他学科领域一样，飞行器结构设计也经历了从经验的定性设计到半定性半定量设计的过程，目前正在向全定量的精准设计过渡，也即从过去的依赖经验数据、粗略估算和模型试验验证向数字化设计、虚拟试验、动力学仿真和全尺寸实物验证过渡。

4.3.1 统计分析

飞行器结构的服役载荷复杂、环境严酷、破坏模式众多，安全性和可靠性要求高。在严苛的结构重量系数指标要求下，飞行器结构的设计在不断地探索新型材料和结构型式，以实现在满足强度、刚度和寿命的要求下结构重量最轻的目标。目前飞行器结构型式还不能通过拓扑优化自动给出，很大程度上取决于设计经验。如飞机机翼结构的型式，可以通过统计分析已经使用且较为成功的飞机的参数，探讨飞机机翼结构型式与飞机其他参数之间的关系。图4.9给出了98架飞机的最大飞行速度 v_{max} 和机翼相对厚度 $\bar{c}$ 与飞机结构型式的关系，可以看到低速、相对厚度大的飞机机翼多采用梁式结构型式，而高速、相对厚度小的飞机机翼较多采用多腹板式结构型式。

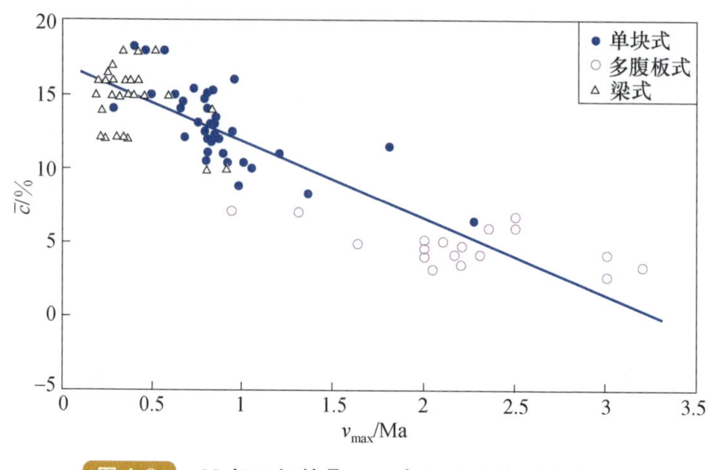

图4.9 98架飞机的 $\bar{c}$，v_{max} 与机翼结构型式的关系

如果进一步地探讨机翼结构的型式与飞机其他参数的定量关系（图4.10），可以发现：

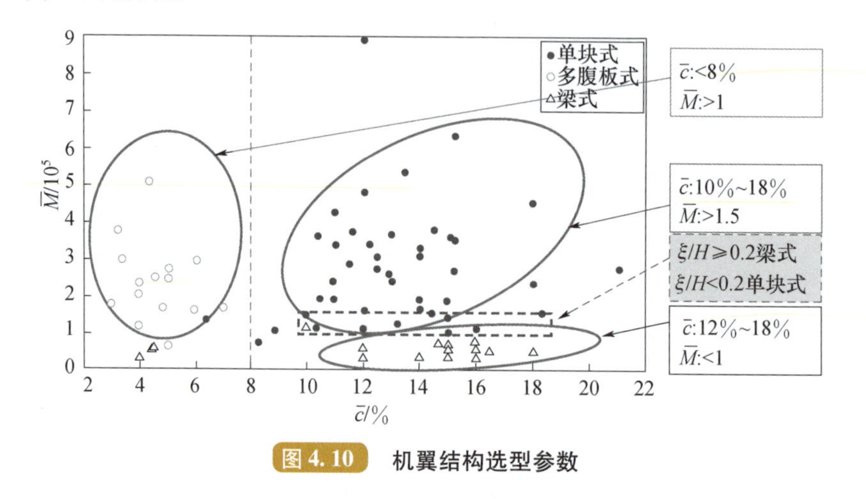

图4.10 机翼结构选型参数

（1）当机翼相对厚度 $\bar{c}$ 小于8%、根部相对载荷 $\overline{M}$ 大于 1×10^5 N/m 时，

宜采用多腹板式结构；

（2）当机翼相对厚度 $\bar{c}$ 在12%～18%、根部相对载荷 $\overline{M}$ 小于 1×10^5 N/m时，宜采用梁式结构；

（3）当机翼相对厚度 $\bar{c}$ 在10%～18%、根部相对载荷 $\overline{M}$ 大于1.5时，宜采用单块式结构；

（4）如机翼相对载荷 $\overline{M}$ 为1～1.5，当 $\zeta/H\geqslant0.2$，选用梁式结构；当 $\zeta/H<0.2$，则选用单块式结构。

图中的相对载荷 $\overline{M}$ 表征了机翼上下蒙皮单位宽度上的力，反映了该剖面承受弯矩的严重程度。参与区系数 ζ 表征了参与区占机翼总面积的百分比。参与区系数 ζ 越小，机翼蒙皮的利用率越高。

4.3.2 综合优化

飞行器结构所受到的载荷和服役环境是复杂的、多工况的，结构性能的要求是多方面的，结构材料可有多个选项，结构的加工方式和工艺也是多样的。面对各种各样的设计变量和多种多样的组合，结构设计实现最佳的途径是结构综合优化设计。

工程结构优化最基本的问题是建立既能反映工程问题的物理本质又便于操作运算的数学模型。要从组成工程结构的大量变量中确定把哪些作为设计变量进行优化设计，在哪些约束限制条件下选择哪种优化方法来达到既定目标，所以结构优化的基本模型为

$$\begin{aligned}&\text{设计变量：}\boldsymbol{X}=(\boldsymbol{X}_1,\ \boldsymbol{X}_2,\ \boldsymbol{X}_3)\\&\text{目标函数：}\min W=W(\boldsymbol{X})\\&\text{约束条件：}h_i(\boldsymbol{X})=0\quad i=1,\ 2,\ \cdots,\ m_{\mathrm{h}}\\&\qquad\qquad\ \ g_i(\boldsymbol{X})<0\quad i=1,\ 2,\ \cdots,\ m_{\mathrm{g}}\end{aligned}\tag{4.1}$$

设计变量 $\boldsymbol{X}$ 包括尺寸设计变量 $\boldsymbol{X}_1$、形状设计变量 $\boldsymbol{X}_2$ 和布局设计变量 $\boldsymbol{X}_3$；飞行器结构通常将结构重量 W 最小作为设计目标；约束条件分为等式约束和不等式约束两类，包括结构强度、刚度、稳定性、模态、固有频率、疲劳寿命、颤振速度等。

式（4.1）是高度非线性和非显式方程，解此方程的方法大致可归纳为三类，即数学规划法、最优准则法和现代优化算法。数学规划法是结构优化算法的理论基础，又分为不使用函数导数而只用到函数值的直接解法和使用函数导数的间接解法；通常间接解法收敛速度快，但计算导数信息耗时，而直接解法不需要求导数，适应性强，但收敛速度慢。最优准则法的基本思想是

使结构各部分的材料在给定载荷作用下充分发挥其潜力，从而达到结构质量最轻的优化目的，可见它不是从求解极值问题的数学原理出发，而是直接从力学原理出发，以某个力学量指标为准则；所以这一方法不是以求极值为出发点，因而并不能保证达到目的，但其迭代次数少，且迭代次数对设计变量的增加不敏感，易于编程，使用方便，因而具有很高的计算效率，所以用于大型结构优化的实用软件多数采用最优准则法。现代优化算法亦称启发式算法，与传统优化方法比较，现代优化算法有以下特点：① 对目标函数和约束函数不必附加可解析性条件；② 约束变量可取离散值；③ 很多情况下可得到全局最优解。常用的现代优化算法包括禁忌搜索算法、模拟退火算法、遗传算法、神经网络算法和拉格朗日松弛算法等。正因为很多实际优化问题的难解性和现代优化算法在一些优化问题中的成功应用，使得现代优化算法成为解决优化问题的一种有力工具。

结构优化设计从设计层次上可分为四类，也即尺寸优化、形状优化、布局优化和多学科综合设计优化，有时候将形状优化和布局优化称为拓扑优化，也有人将布局优化的一部分称为型式优化。尺寸优化是指在给定载荷、材料和结构布局的条件下寻找满足设计目标的构件尺寸的优化解。尺寸优化是最为常见也最为成熟的一类工程结构优化问题，它在优化过程中不改变结构有限元分析模型，例如，优化桁架结构的截面面积、复合材料层合板结构的各铺层厚度和方向等。形状优化是指在给定结构布局的条件下对构件形状和尺寸进行优化，形状优化中结构有限元模型的节点位置要发生改变，因此每次优化迭代的前后，有限元模型有所不同，例如对于机翼结构中桁条截面形状的选择、蒙皮开口区的选定等。布局优化是指在给定的约束条件下寻找满足设计目标的结构，包括结构型式、布置、形状、尺寸，有时甚至包括材料。布局优化中每次分析的有限元模型都可能不同，由于布局设计变量很难定义，因此布局优化的建模十分复杂，目前尚无很好的办法，例如，对于飞行器的升力体结构，需要通过优化给出结构材料、结构型式、构件数量和布置、构件的尺寸等。

结构多学科综合设计优化是针对结构设计中面临的结构和外载荷的相互耦合作用而发展出来的一种设计技术，与布局优化的区别主要在于结构布局优化将外载荷看作与结构特性无关的已知量，而结构多学科综合设计优化将结构外载荷处理为随结构特性变化的函数；例如飞机的机翼上的气动力分布不仅与机翼的几何外形有关，还与其变形特性有关。

4.3.3 试验研究

飞行器结构研发过程中，由于结构分析和评估的理论还不够全面或/和不够精准，飞行器结构设计还离不开结构试验。结构试验可从不同的角度加以分类，例如按照试验目的可分为结构分析理论研究试验、结构性能评估试验、结构选型对比试验和鉴定/定型试验；按照试验层次可分为元件试验、组件（部件）试验和全尺寸试验；按照试验测试性能可分为静强度试验、动强度试验、疲劳试验、颤振试验、腐蚀性能试验、鸟撞试验和功能试验等；按照试验场合又可分为实验室标准试验、实验室模拟试验和飞行试验。下面从结构性能测试的角度简单介绍相关试验研究的内涵。

结构静强度试验目前主要进行全尺寸试验和关键复杂部件试验。由于现代结构分析技术和数值分析能力的快速提升，结构静强度分析的准确度已经基本能够满足工程设计的要求，所以目前主要是针对复杂结构系统进行静强度试验，此试验是为了防止因建立结构分析模型错误而引起的实际飞行器结构在飞行中发生破坏。

动强度试验主要是获取飞行器结构的固有振动频率和振动模态，以防止飞行器在使用过程中出现共振现象和某些模态的耦合。

疲劳试验占据了结构试验的大部分，由于结构疲劳机理还没有被很好地了解，因此除了进行疲劳分析外，疲劳试验在飞行器的研发试验中可说是非常重要的。疲劳试验的目的主要是暴露结构的疲劳薄弱部位、了解结构的疲劳品质、为结构的维修方案提供支撑。疲劳试验按照内容可分为疲劳载荷实测试验、疲劳裂纹形成试验（也可称为安全寿命试验或耐久性试验）、裂纹扩展试验（也可称为损伤容限试验）、功能疲劳试验、全尺寸样机疲劳试验。疲劳载荷的实测试验主要是为了获得飞行器的地面和空中载荷—时间历程，它是飞行器疲劳载荷谱编制的原始数据。疲劳裂纹形成试验是为了获得结构从无裂纹到工程裂纹长度的寿命，了解结构的疲劳薄弱部位。裂纹扩展试验是为了获得结构的裂纹扩展速率和扩展寿命，为结构检查周期和维修提供依据。功能疲劳试验是为了了解结构的活动部件或机构在反复运动过程中的磨损和摩擦力的变化，检验这些结构或机构在设计寿命期内能否完成预定的功能。全尺寸样机疲劳试验是机体结构研制中至关重要的一步，是唯一可以用来获取机体结构在基本真实的疲劳载荷情况作用下的寿命值，并可检查所有结构元件之间的相互作用是否正常。飞行全机试验如图 4.11 所示。

航空飞行器的颤振试验分为模型颤振试验和飞行颤振试验。模型颤振试验采用飞行器缩比模型在风洞中进行。缩比模型应该满足空气动力学、结构动力学和几何形状等方面相似律的要求，但是这些要求通常难以全部满足，因此在模型制作时需要根据试验目的和具体情况放宽某些要求。模型颤振风洞试验时，先将飞行器模型固定在风洞中，然后逐步提高气流速度，当模型的振动由衰减转变为扩散，即模型发生颤振时，此时的气流速度就是颤振临界速度。除风洞试验外，也可利用受控飞行的火箭或在轨道滑行的火箭橇进行模型颤振试验，它可以避免风洞的洞壁干扰，使模型经受的气流环境和实物相同，但这样的试验成本高，控制测量难度较大。飞行颤振试验是采用真实飞行器进行的试验，由于它能反映真实的飞行器颤振情况而受到重视。试验方法一般是逐步提高飞行速度，并记录在每一飞行速度下飞行器结构的振动响应，然后导出振动衰减率和飞行速度的关系曲线，最后利用外推法得到振动衰减率为零值时的颤振临界速度，但是这类试验的危险性较大。

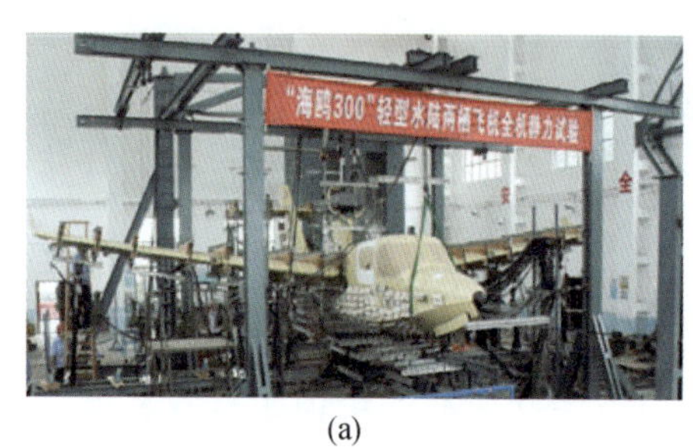

(a)

(b)

图 4.11　飞机全机试验

(a) 海鸥 300 全机静强度试验；(b) ARJ21－700 全机疲劳试验。

根据适航规范要求，飞行器结构还需要通过鸟撞分析和鸟撞试验证明在飞鸟撞击下不会导致危险，对于飞机而言，需要对风挡、机头、机翼、尾翼等结构进行抗鸟撞性能分析和试验研究。

4.3.4　数值分析与仿真

飞行器结构设计要经历概念设计、方案设计、详细方案设计、详细设计、试制、试验验证、飞行验证等多个阶段。随着设计阶段的不断推进，结构设计的输入条件就越来越详细、越来越明确。随着飞行器结构设计理论和技术的发展，数值分析和仿真在各个阶段的作用与地位越来越重要。人们已开发成功了一系列飞行器性能评估、计算流体力学（CFD）、结构分析、隐身性能分析、CAD/CAM、结构使用/维护等方面的分析计算和仿真软件，使飞行器设计人员在进行某项设计或修改之后能够迅速地分析和掌握飞行器性能的变化，从而极大地提高了飞行器设计质量和效率。

数值分析和仿真为飞行器结构一体化综合优化设计提供了实施途径和工具，是飞行器并行设计的关键支撑。一体化综合优化设计技术将影响飞行器结构性能的因素进行综合定量的分析和仿真，这些因素不仅包括了结构学科的材料、结构和载荷，还扩展到了制造、结构变形与载荷耦合效应、结构性能与服役环境关系、结构的使用/检查/维修等学科和方向。对于解决强耦合、隶属性学科的一体化设计问题，没有数值分析和仿真是不可想象的，如飞行器气动力－隐身、飞行器气动弹性－结构－材料、飞行器布局－结构－热耗散－电磁特性、雷达罩气动特性－结构与材料－电磁性能、机构强度－刚度－运动学－动力学特性等。另外数值分析和仿真将结构设计工作前推，参与飞行器概念设计和方案设计，从而大大减少了设计过程的反复迭代，提高了设计质量。

数值分析和仿真还可以替代或部分替代物理试验，随着分析计算能力的提升，结构数值分析和仿真的精准程度不断提高，绝大部分传统的结构选型试验和结构性能摸底试验基本上已经被数值分析和仿真所取代，从而可以大大降低研制成本，缩短研制周期，提高飞行器的设计效率。

数值分析和仿真也为新概念/新型结构设计提供了强有力的手段。与传统结构相比较，新型/新概念结构是指那些与已有的结构在某一方面或几个方面有本质区别的结构。因此新型/新概念结构设计和分析的理论与方法往往不成熟，设计人员对其特性也了解不够，因此只有通过数值仿真和试验研究其特性。由于新型/新概念结构的可变参量通常很多，完全依靠试验又十分不经济和耗时，而数值分析和仿真则可以快速地评估其性能。

4.4 南航在结构设计方向的特色

南京航空航天大学在飞行器结构，特别是航空器结构方向的研究具有特色，某些研究成果和试验条件处于国际先进水平。

4.4.1 复合材料结构设计

飞行器设计专业学科对于复合材料结构设计理论和方法的研究已有30多年的历史，在飞行器复合材料优化设计、复合材料结构综合强度设计、复合材料结构力电耦合设计等方面取得了一系列研究成果。

在飞行器结构满足强度、刚度、寿命和其他功能性要求的前提下，为使其重量最轻，开展了飞行器复合材料结构型式创新设计和结构综合设计的研究。主要研究成果有：① 设计了一种新型皱褶夹芯轻质结构，其具有很好的降噪减振性能，同时具有较好的强度和刚度，已经用于 Y8 系列飞机的内装饰板，如图 4.12 所示；② 提出了复合材料结构布局优化的并行协同优化方法，有效地解决了结构型式、主要元件布置、元件尺寸和铺层顺序的耦合设计问题，并用于多型无人机工程型号和多型中等展弦比飞机型号的翼面结构。

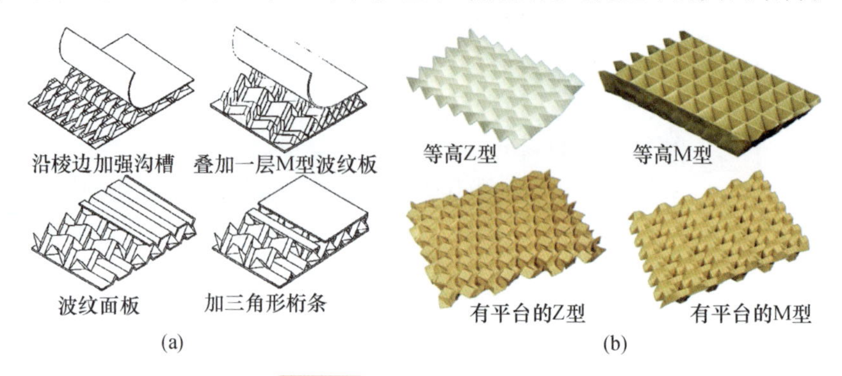

图 4.12 复合材料结构优化

（a）不同种类的皱褶夹芯板；（b）不同类型的皱褶芯材。

针对先进复合材料结构综合强度设计理论、分析方法与验证技术开展了研究。① 提出了一套复合材料蜂窝夹芯结构力学－电磁学性能综合设计的方法，成功研制了国内最大的高透波率全复合材料雷达罩，解决了“515 工程”的关键难题；② 采用多学科设计优化的办法解决了大展弦比复合材料机翼的静动气弹和多约束优化问题，已应用于多款大展弦比无人机、有人飞机机翼和巡航导弹弹翼等工程型号的设计；③ 建立了复合材料结构冲击损伤预测和损伤容限评定的有效方法；④ 基于复合材料多向疲劳剩余刚度理论，给出了复合材料疲劳寿命分析的方法。复合材料结构综合设计如图 4.13 所示。

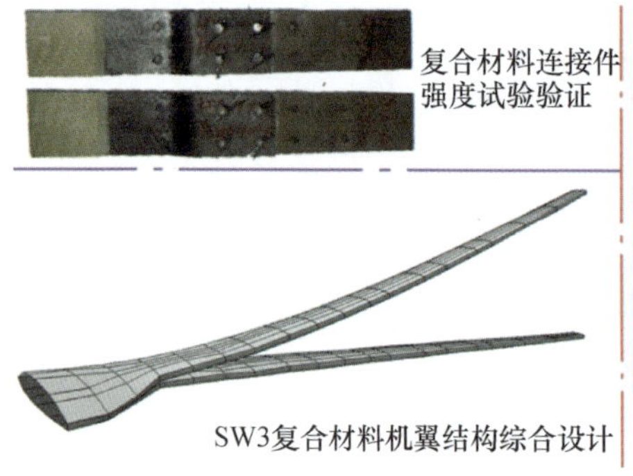

图 4.13 复合材料结构综合设计

4.4.2 智能材料与结构

飞行器设计专业学科在国内率先开展了飞行器结构健康监测和自适应结构的基础研究，结构健康监测的基本原理如图 4.14 所示。① 提出了强度自诊断自适应的理论；② 解决了传感元件的组合和在结构中的合理分布、形状记忆合金驱动器的结构型式等关键技术问题，在国际上首先研制成功了强度自诊断自适应智能材料结构；③ 提出了机翼自适应可变攻角和翼型的多种方法，研制成功了自适应机翼模型系统，机翼盒段自适应控制系统如图 4.15 所示。

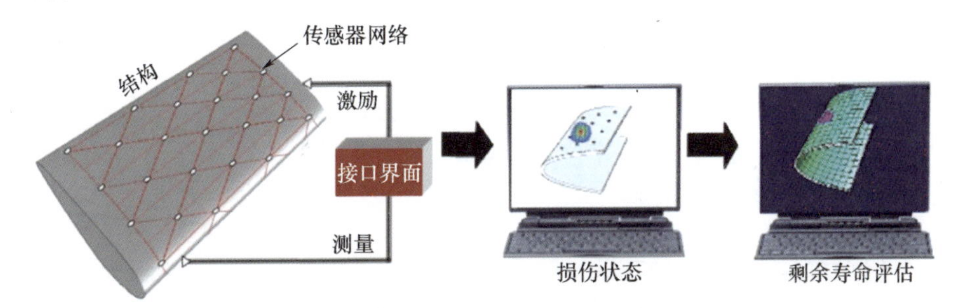

图 4.14 结构健康监测基本原理

图 4.15 机翼盒段自适应控制系统

4.4.3 结构抗疲劳设计

针对飞行器结构普遍存在的疲劳断裂问题，飞行器设计专业学科探索结构材料疲劳断裂的机理，针对各种类型的飞行器结构，深入系统地研究了飞行器结构的疲劳断裂行为，参与了几乎所有航空飞行器型号的抗疲劳断裂的设计工作。① 发展了一个结构抗疲劳设计的场强法理论，其基本原理如图4.16所示；② 提出了结构多轴疲劳寿命分析方法；③ 建立了随机振动载荷下结构抗疲劳设计方法。

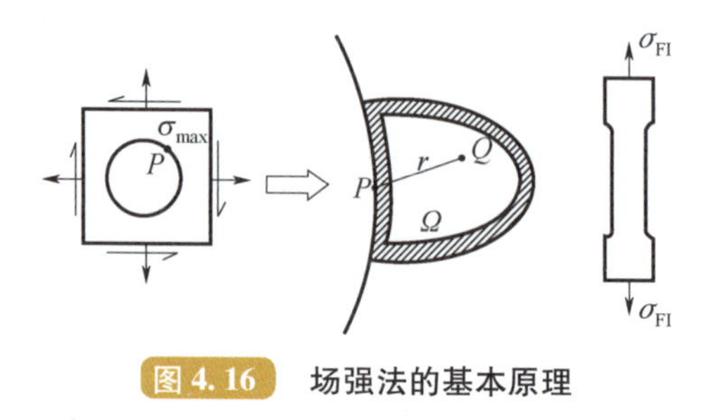

图 4.16 场强法的基本原理

4.4.4 结构动力学设计

飞行器设计专业学科开展了结构动力学、振动测试、振动控制等方面的研究，在复杂飞行器结构动力学建模、计算结构动力学、非线性振动分析等方面取得了国内外公认的研究成果，已被应用于多种型号的飞机、直升机、导弹、火箭、卫星等飞行器的设计与研制。图4.17所示为长空一号无人机全机振动测试。

图 4.17 长空一号无人机全机振动测试

4.4.5 结构气动弹性设计

飞机颤振是一种复杂的气动弹性不稳定现象，对飞机的飞行安全构成极大威胁，也是降低飞机速度性能的一个重要因素。飞行器设计专业学科开展了以绝对结点坐标法为代表的大变形结构的非线性动力学数值模拟研究；提出了基于 CFD - CSD 耦合求解亚、跨、超声速飞行器颤振特性的计算方法；在柔性机翼非线性气动弹性预计、颤振与阵风响应主动控制、机动载荷减缓主动控制等方面进行了深入研究，完成了多操纵面柔性机翼颤振主动抑制及风洞试验验证研究。飞机颤振分析与试验如图 4. 18 所示。

(a)

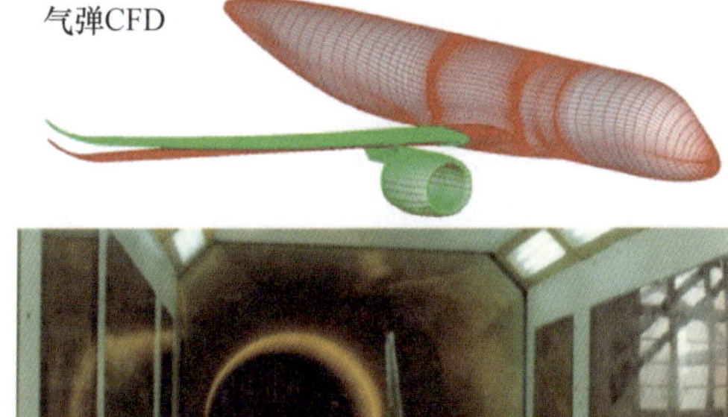

(b)

图 4. 18　飞机颤振分析与试验

（a）颤振主动控制风洞试验；（b）气弹 CFD 与风洞试验。

4. 5　发展趋势

飞行器结构的轻质、长寿命、高可靠性是其基本设计要求。新一代飞行器的高效、经济、舒适、环保、信息化等的需求，对结构的综合设计理论与技术提出了挑战。先进材料、整体结构、综合设计是达到飞行器结构基本要求的有效途径。

4. 5. 1　新概念/新型飞行器结构

任何飞行器都要依托其结构来实现其使命。随着材料科学、制造技术、电子技术和信息技术的进步，未来的飞行器结构必将是多功能的，以其“轻质”和“智能”两大特征，实现飞行器结构性能的“飞跃”。新概念/新型结构设计的基本思路如图 4. 19 所示。

新材料	
复合材料	— 弯扭耦合结构 — 气动剪裁结构 — 颤振抑制结构 ……
梯度材料	— 高温梯度结构 — 耐磨、耐腐蚀等结构 ……
低密度芯材	— 全高度控制面、边缘结构 — 减振降噪结构 ……
……	
新工艺	
CAD/CAM	— 金属整体结构 ……
3D打印	— 整体复杂零件快速制造 ……
搅拌摩擦焊	— 整体结构、复合结构 ……
……	
新思维	
组合方法	— 功能结构 — 模块化结构 — 复合结构 ……
类比方法	— 仿生结构 — 变体结构 ……
……	

图 4.19 新概念/新型结构设计的基本思路

强度、刚度和寿命（与可靠性）是飞行器结构的三大基本力学性能，在满足三大基本性能要求下，寻找最轻的飞行器结构是飞行器结构设计师追求的目标。实现这一目标的基本途径是采用新型轻质材料、新型结构型式和先进制造工艺，这三者往往是相互依存的。对于飞行器结构设计师而言，新型结构型式是核心，而新型轻质材料是结构设计的前提性要求，先进制造工艺则是条件性和发展性要求。

新型轻质材料必定会产生新型结构，结构设计师需要时刻了解材料科学的研究进展和发展预期。例如，先进的纤维增强树脂基复合材料（简称复合材料）具有各向异性的特性，据此可以设计出具有弯扭耦合特性的翼面结构，实现气动剪裁和颤振抑制；复合材料具有很好的可加工性，据此可以设计出共固化的整体结构；采用蜂窝、泡沫等低密度芯材可以设计出全高度控制面、边缘等结构；碳/碳复合材料、陶瓷复合材料、梯度材料等新型材料可用于高温热结构等。

新型制造工艺将催生新型结构，结构设计师还需要时刻了解材料制造科学与技术的发展。例如，数控加工使大量的金属整体结构成为现实，3D 打印技术使复杂的零构件得以快速制造，点焊、粘接、搅拌摩擦焊等连接工艺使整体薄壁结构变得比较经济等。

新概念结构还依赖于设计者的创新思维，结构设计师可以通过组合、类比、列举、设问等创新设计技法，结合工程设计需求设计出新概念结构。

飞行器结构除了承载传力、维形、支撑等基本功能外，还要实现健康监测、减振降噪、防冰除冰、热量控制、变形控制、电磁场利用、隐身等其他功能。传统的飞行器结构将这两类“功能”分别设计，用两个结构“实体”来实现，这就导致了结构的“笨重”和某些功能难以实现。多功能结构将这两类功能合二为一，用一个结构实体来实现，这将是飞行器结构设计的一个革命。

4.5.2 新理论、新方法和新技术

为实现飞行器结构的轻质、长寿命和高可靠性，需针对飞行器的新情况，发展飞行器结构设计新理论、新方法和新技术。飞行器结构设计的理论和方法主要包括结构优化设计、结构可靠性设计、结构抗疲劳设计和结构防断裂设计，所谓的“新情况”是指飞行器的使用环境和条件、飞行器结构的材料和工艺、飞行器结构的型式等方面与以往不同。例如，对于复合材料结构，其结构破坏模式与金属材料结构的破坏模式完全不同，其静强度、刚度特性、损伤演化、疲劳机理等的评估理论与方法、试验技术等目前都还不是很成熟；对于航空飞行器金属整体结构，其传力方式与薄壁铆接结构不同，疲劳寿命分析需要考虑多轴效应，迫切需要发展多轴抗疲劳设计方法；对于高超声速可重复使用飞行器结构，重点要考虑结构热强度和热气动弹性问题；对于舰载飞机，需要考虑防腐蚀设计；对于功能结构，需要发展功能结构的综合设计方法等。

因此可以说，飞行器结构设计的优化、可靠性、抗疲劳、防断裂四大设计理论与方法的名称不会变，但是飞行器结构材料、制造工艺、结构型式、使用环境和条件中的任何一项的变化都需要发展新的结构设计理论、方法和技术。

4.5.3 新手段

飞行器结构设计已经从定性设计过渡到了定量设计，将向精细/精准化和自动化设计发展，由于新材料、新工艺以及服役环境和条件的不断变化，向精细/精准化和自动化设计的发展是永无止境的。

数字化设计、数值分析与动力学仿真是飞行器结构设计的主要手段，试验研究将会越来越多地被数值分析与动力学仿真所替代。

第5章 飞行器系统设计

飞行器系统设计也是飞行器平台设计的三个主要研究内容之一。本章主要介绍飞行器系统设计的研究范畴、本科阶段相关的课程安排、本方向的设计方法与手段、我校在此领域的特色、本方向发展与创新等相关内容。

不同种类飞行器的系统有很大不同，其设计理论与方法也不相同，学科基础也有较大差别，本章主要涉及航空飞行器系统设计方面的内容。

5.1 范畴

飞行器系统亦称飞行器机载系统，主要包括两大类别，一类是用于保障飞行器平台正常运转的，主要包括液压系统、燃油系统、操纵系统、电气系统、冷气系统、防冰/除冰系统等，另一类是用于保障飞行器驾乘人员安全的，主要包括环控系统、安全救生系统、生命保障系统等。前一类中的大部分内容属于本专业的系统设计方向研究的对象，后一类则属于人机与环境工程专业研究的内容。由于专业基础知识结构等原因，前一类中的防冰/除冰系统内容划归人机与环境工程专业，电气系统内容划归电气工程专业。除此之外，还有一些其他的机载系统，如通信系统、导航系统、火控系统、电子战系统等，它们都有相应的独立专业或专业方向。

飞行器设计专业系统设计方向主要研究飞行器的操纵、燃油、液压等系统的设计理论与方法、飞行器系统的性能分析（不同系统的特殊性能、寿命、可靠性、维修性等），同时进行新概念或新型飞行器机载系统的研究。

5.1.1 飞行器的操纵系统

飞行器的操纵系统是飞行控制系统的实体部分，是传递“操”和执行“纵”指令、驱动操纵面或其他有关装置、实现对飞行器各种飞行姿态控制的系统。操纵系统的工作性能直接影响飞行性能的发挥与飞行安全。图 5.1 为飞机最简单的操纵系统示意图。

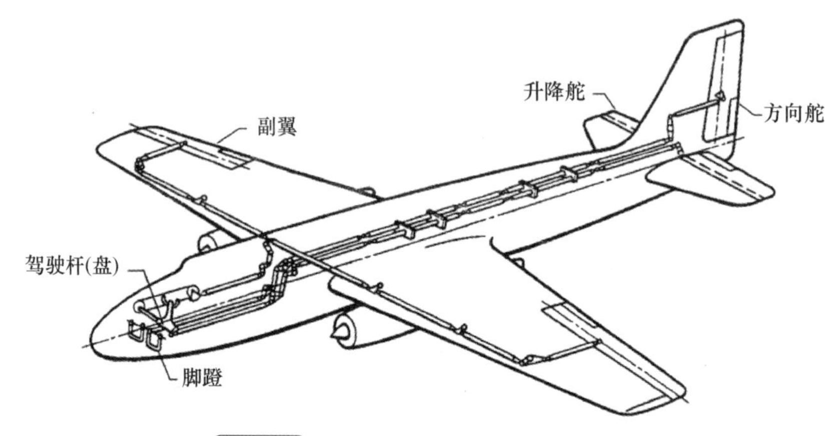

图 5.1 飞机最简单的操纵系统示意图

操纵系统设计时，不仅要考虑操纵系统所驱动的舵面的特性（主要包括铰链力矩、惯性、重量、刚度等），而且要考虑飞行器本身的气动特性、惯性和动态特性；对于有人驾驶飞行器，还必须考虑到“人”的因素，能够为驾驶员提供正常的操纵条件。同时，操纵系统的工作必须十分安全、可靠。

有人驾驶飞行器的飞行控制系统分为人工飞行操纵（控制）系统和自动飞行控制系统两大类。

1. 人工飞行操纵系统

有人驾驶飞行器的人工操纵系统又分为机械飞行操纵系统（或简称为操纵系统）和电传飞行控制系统（或简称为电传操纵系统）。操纵系统还包括稳定与控制增强系统（简称为增稳系统）、性能限制、飞机变几何形状控制等。

飞行操纵系统的研制工作必须遵从飞行器飞行操纵系统操纵品质规范。操纵品质规范是指令性文件，对操纵系统的机械特性和动特性都给出了具体要求。操纵系统的设计通常分为五个阶段，即① 论证阶段——确定设计依据和要求，并进行技术经济可行性论证；② 方案阶段——进行系统方案论证和系统线路设计；③ 工程研制阶段——进行系统详细设计，并进行地面试验和试制；④ 设计定型阶段——进行飞行试验并申请设计定型；⑤ 生产定型阶段。

机械飞行操纵系统的类型、主要组成以及驾驶员操纵装置、人工感觉装置、操纵面作动器、人工配平装置等的设计主要依据飞行器类型、使用包线、过载、重量、强度、刚度、操纵品质以及飞行操纵系统稳定性和跟随性的要求。而操纵系统在飞行器上的布局，应急操纵措施以及对成品和附件的可靠性、环境要求等则根据飞行器的安全性、可靠性、维修性和环境技术等要求确定。还要根据驾驶员的使用要求设置必要的显示装置。

传统的飞机操纵系统是简单机械式的，即驾驶员操纵中央操纵机构（驾驶杆或驾驶盘、脚蹬），通过机械传动机构来驱动控制面。其中，传动机构由拉杆和摇臂为主组成的为硬式操纵系统（图 5.2）、由钢索和滑轮为主组成的为软式操纵系统（图 5.3），还有硬式和软式混合的操纵系统（图 5.4）。驾驶员通过机械式操纵系统的杆力和杆位移直接感受操纵面气动力的变化和飞机的运动。这种简单的机械式操纵系统的基本形式一直沿用到现代的许多飞机操纵系统中。

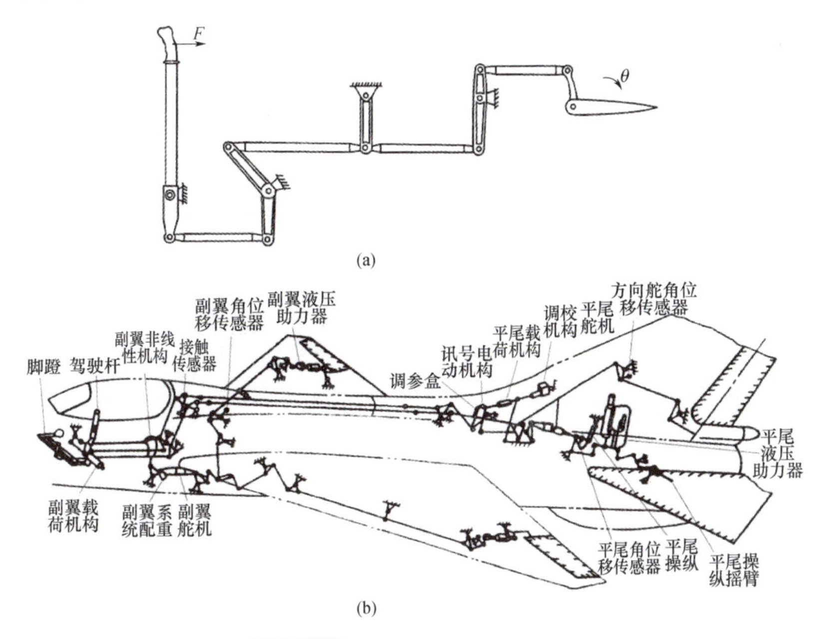

图 5.2　硬式操纵系统示意图

(a) 硬式操纵系统简化模型；(b) J－7Ⅲ 操纵系统示意图。

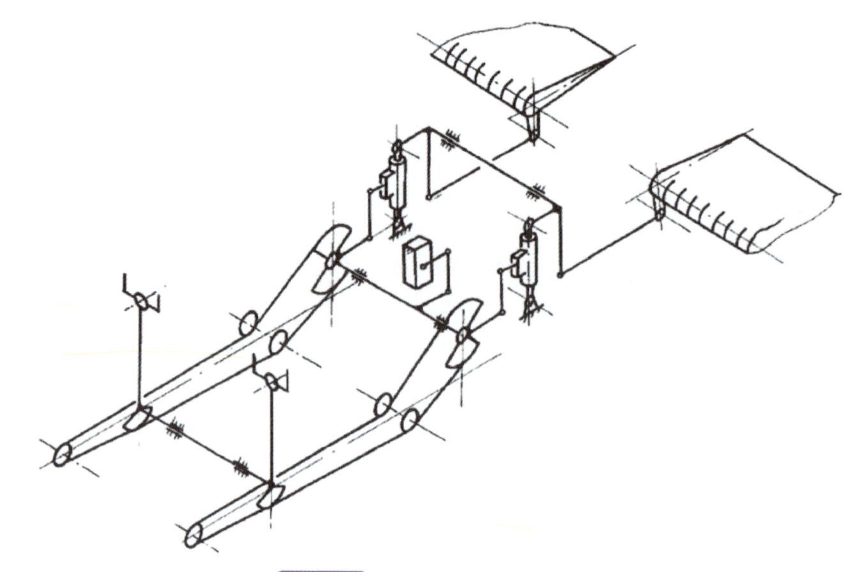

图 5.3　软式操纵系统示意图

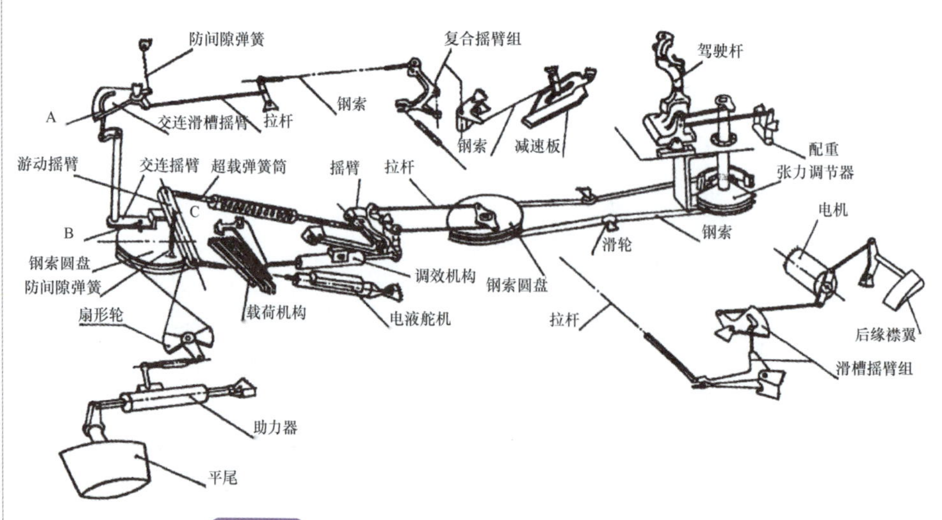

图 5.4　美国 F－5E 飞机混合式操纵系统示意图

随着飞行器飞行速度的增大和飞行器尺寸与重量的不断增加，依靠驾驶员的体力已很难操纵飞行器了，因此在操纵系统中设置了液压助力器，这样的操纵系统称为助力式操纵系统。现代飞机的飞行操纵系统结构框图如图 5.5 所示，图 5.6 则给出了助力式操纵系统示意图。

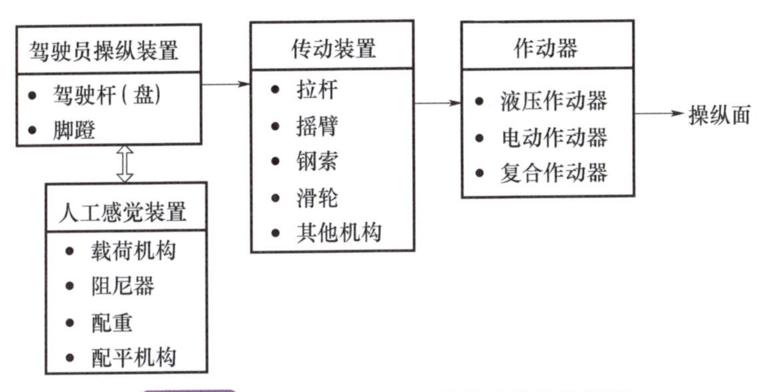

图 5.5 现代飞机的飞行操纵系统结构框图

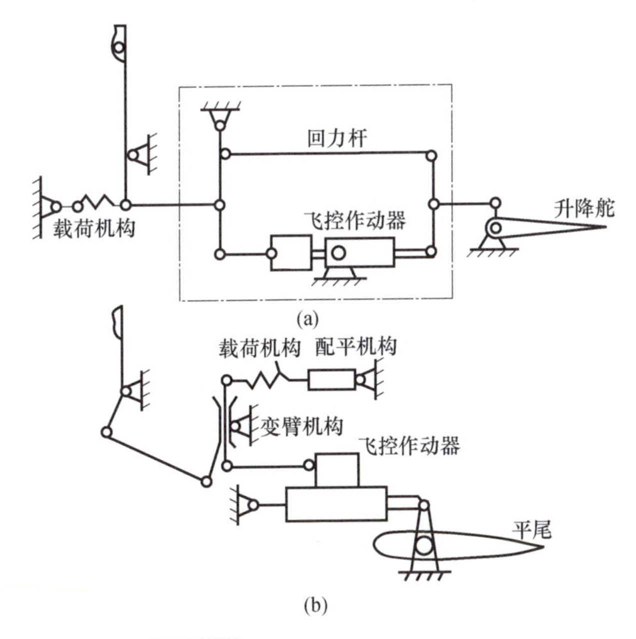

图 5.6 助力式操纵系统示意图

(a) 可逆式助力操纵系统;(b) 不可逆式助力操纵系统。

由于现代高空高速飞机的飞行包线不断扩大，飞机自身的稳定性变差，阻尼比下降，而纵向和横侧向的短周期振荡又严重影响了飞机的操纵性能，在20世纪50年代中期到60年代，首先研制了飞行阻尼器，而后又在此基础上发展了增稳系统和控制增稳系统，以提高飞机的静稳定性和操纵性。图5.7给出了增稳系统的框图。

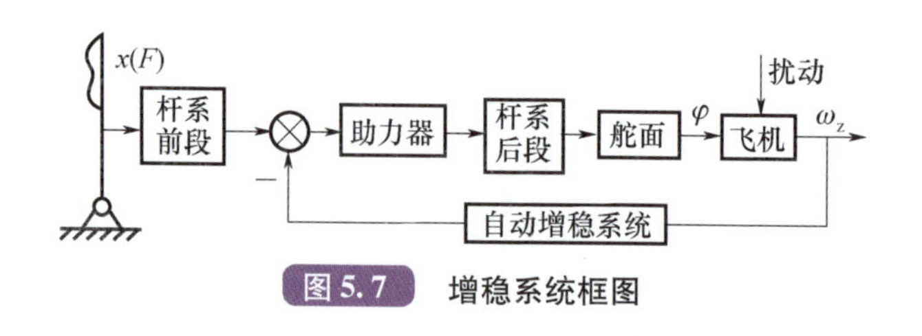

图 5.7 增稳系统框图

随着飞行控制技术、计算机技术、电子技术和余度技术的迅速发展，诞生了电传操纵系统，解决了复杂机械操纵系统中存在的摩擦、间隙和弹性变形等使精微操纵信号难以准确传递的问题。电传操纵系统由飞行员操纵电门，通过导线传送操纵指令，由操纵控制盒处理送来的电信号，控制操纵作动筒驱动操纵面。电传操纵仅通过导线传递信息，避免了机械传动零件在飞机上协调安装及占用大量空间的麻烦，减轻了重量，因此在现代飞行器上已普遍采用。

电传操纵系统的基本功能有：① 提高飞机的性能；② 扩大飞机的使用包线；③ 增强飞机的稳定性和机动性；④ 改善飞机的飞行品质；⑤ 自动防尾旋和人工改尾旋；⑥ 机内自检测功能，包括飞行自检测、上电自检测、飞行中自检测和维修自检测；⑦ 辅助模态功能（配平）。

图 5. 8 给出的是四余度电传操纵系统简图，图 5. 9 给出了 F－16A 飞机电传操纵系统原理图，它是第一架采用电传操纵系统的飞机。

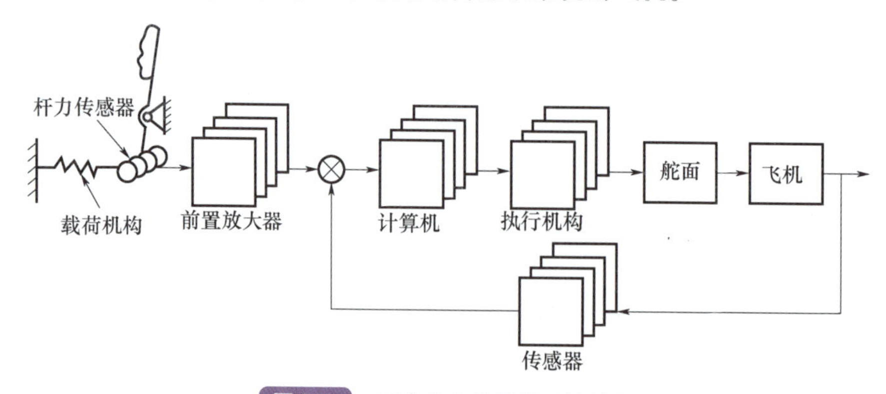

图 5.8 四余度电传操纵系统简图

电传操纵系统中仍沿用了机械操纵系统的部分零部件，如驾驶杆（盘）、脚蹬、弹簧载荷机构、配平机构、电液伺服作动器和飞行控制传感器等。图 5. 10 是电传操纵系统在飞机上的安装示意图。

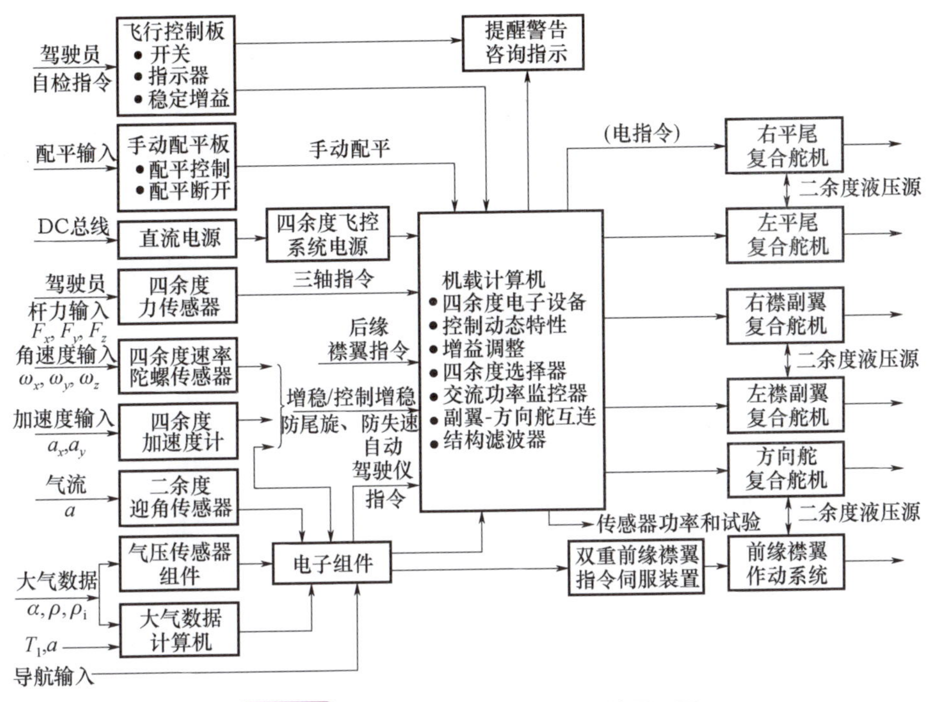

图 5.9 F－16A 飞机电传操纵系统原理图

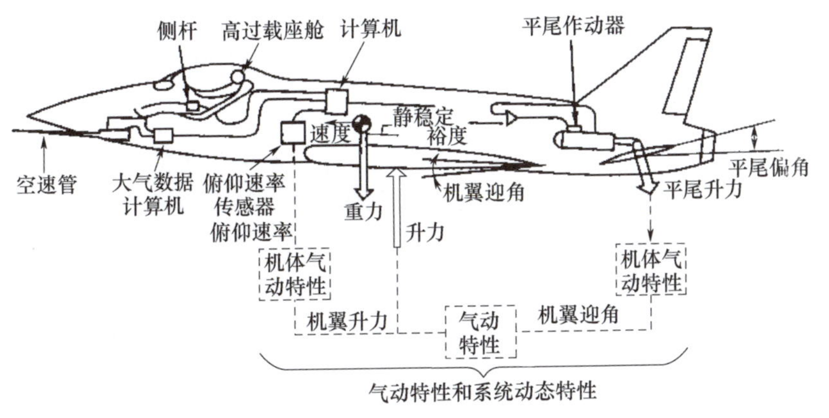

图 5.10 电传操纵系统在飞机上的安装示意图

电传操纵系统的优点主要有：① 减轻了操纵系统的质量，减小了体积；② 节省了设计和安装的时间；③ 提高了系统的战伤生存力；④ 消除了机械操纵系统中的摩擦、间隙、非线性因素以及飞机结构变形的影响，从根本上改善了精微操纵信号的传递；⑤ 简化了主操纵系统与自动驾驶仪的组合；⑥ 飞机操稳特性不仅得到了根本改善，而且可以发生质的变化。

不同形式的飞行操纵系统各具优缺点，对不同用途和不同性能要求的飞机，应综合考虑性能要求、可靠性、维修性、经济性等因素，选择相对最为合适的形式。

2. 自动飞行控制系统

自动控制系统包括自动驾驶、自动油门控制、结构模态控制等，产生和传输自动控制指令，通过自动或半自动航迹控制辅助驾驶功能，或自动控制飞机对扰动的响应。

在机械式操纵系统的飞机上，自动控制系统与机械操纵系统是通过伺服作动器、驾驶杆和配平机构交联的，而其硬件和软件一般是独立的。

如飞行器装备了电传操纵系统，自动控制系统仅属于电传操纵系统的一个工作模态。自动控制系统可以综合利用电传操纵系统的硬件，并在软件中设置其各工作模态的模块；利用飞行控制计算机计算其控制律；利用飞行控制传感器为其提供部分信号；利用飞行控制作动器作为其执行机构。在数字式飞控系统中没有自动控制系统的专用硬件，其各种工作模态和功能依靠软件实现。

5.1.2 飞行器的液压系统

液压系统是以液体（液压油）作为工作介质，以静压力和流量作为特性参数，来实现能量的转换、传递、分配和控制的系统。

液压系统主要在现代航空飞行器（尤其是飞机）上使用，其他种类的飞行器上使用较少。液压系统是现代中、大型飞机不可缺少的功能系统。飞机的飞行操纵系统以及起落架的收放、机轮的刹车与转弯、发动机进气道与喷口的调节、舰载机机翼折叠和着陆钩的收放等系统几乎都采用液压控制系统。

根据液压系统的设计、安装要求规定，液压系统及其附件应设计成能在飞机结构允许的所有条件下正常工作。对于不同类型的飞机，因其技术要求不同，所以对液压系统的功能要求也不尽相同，要根据型号特点设计相应的液压系统，并对余度技术、安全性及可靠性、维修性、生存力、经济性等进行综合考虑。为了提高液压系统的工作可靠性和生存力，现代飞机一般设置两套或三套，大型客机甚至设置四套完全独立的液压系统。

在设计液压系统时，首先应满足使用要求。飞机上要用到液压系统的部件很多，不同的部件可能有不同的使用要求，如起落架、襟翼等的各类收放系统需要液压传动，它们只要求完成一位或几位的收放动作，因此传动系统要求的能源提供的流量变化就较小；而飞机上主操纵面的助力操纵、前轮转弯机构等，它们要求动作部件随操纵指令而动作，所以需要液压伺服系统，液压伺服系统则要求供压能源的压力恒定。同时，液压系统还需要满足温度、压力、流量、载荷、部件性能、质量和空间、可靠性以及清洁度保障等要求。

选择一个好的液压系统原理方案，是设计出高质量液压系统的基础。因此在液压系统原理方案设计过程中，往往同时提出满足总体要求的几种系统原理方案，再根据飞机的技术要求和特点从其工作性能、重量、可靠性、安全性、维修性、经济性等方面进行综合评估，从中选出一种最佳的原理方案，并确定包括系统压力、流量和温度在内的全部技术参数以及成品附件的技术要求。

在方案论证阶段，对所拟订的液压系统原理方案只需绘出系统方块图。液压系统方块图主要表示出液压系统组成的总设想和各组成之间的相互关系，如全机液压系统由哪些子系统组成、各子系统之间的相互关系、各子系统分别操纵哪些部件以及应急系统和能源配置等。图 5.11 所示为某歼击机液压系统方块图。

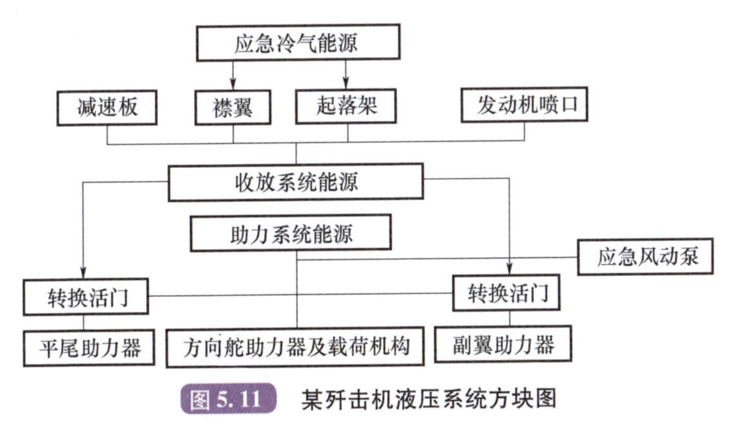

图 5.11　某歼击机液压系统方块图

液压系统方案论证结束后，便可开始进行方案设计。方案设计的工作目标是确定液压系统的原理图，确定包括压力、流量和温度在内的液压系统全部技术参数以及产品附件的技术要求。液压系统原理图就是将方块图进一步细化，并标出系统的主要组成及其工作原理。F－16A 飞机液压系统原理图如图 5.12 所示。

现代飞机的液压系统相当复杂，但不外乎是先由各种组成元件组成具有特定功能的基本回路，再组合而成全机的液压系统。

目前，对液压系统的组成一般按两种分类方法划分，一种是按组成系统的液压元件的功能来划分，另一种是按组成整个系统的子系统的功能来划分。

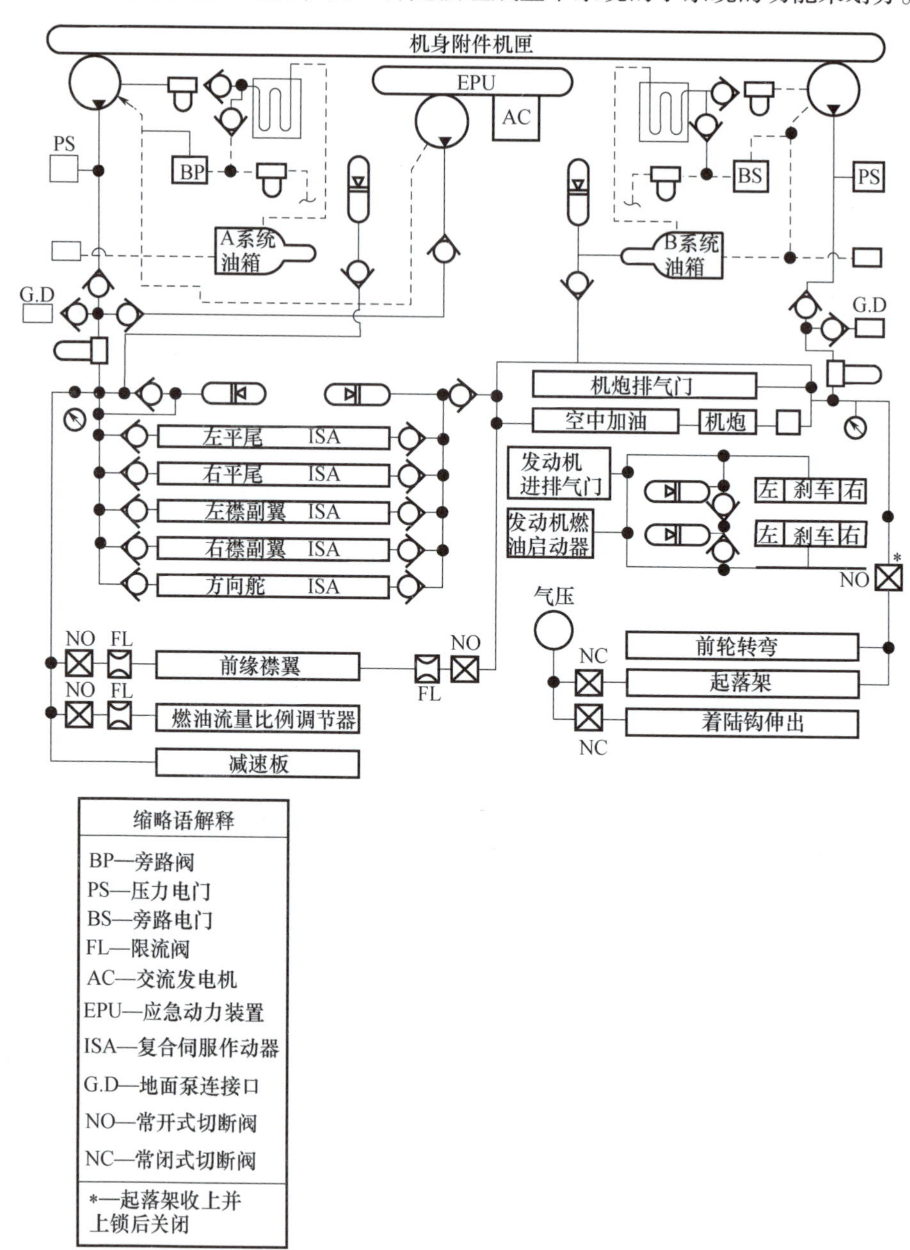

图 5.12 F-16A 飞机液压系统原理图

若按液压元件的功能来划分，则液压系统最基本的组成部分有能源部分、控制调节部分、执行部分以及辅助装置。能源部分主要指液压泵和蓄能器，其作用是将电动机或发动机产生的机械能通过液压泵转换成液体的压力能。控制调节部分即各种阀门，用以调节各部分液体的压力、流量和流向，以实现系统的各项功能；阀门的种类很多，通常按其在系统中的功能可分为方向控制阀（单向阀、换向阀等）、压力控制阀（溢流阀、减压阀、顺序阀、卸荷阀、压差控制阀等）和流量控制阀（节流阀、定量阀、调速阀、分流集流阀、流量放大器等）。执行部分包括液压作动筒和液压电机，其作用是将液压能再转换成机械能，从而驱动其他部件；其中作动筒产生机械线位移，液压电机产生机械角位移，而当作动筒用于飞行主操纵系统时又称为助力器。辅助装置指的是液压系统中除以上三部分的组成元件之外的其他元件，包括油箱、油滤、散热器、导管、接头、密封件等以及工作介质液压油。

若按组成系统的子系统的功能来划分，则液压系统可分为两大部分，即能源子系统和执行子系统。能源子系统是液压系统的核心，作用是通过液压泵将机械能转化为液体的压力能，并通过工作介质传送到各个功能子系统，完成预定的任务。能源子系统一般由液压泵、油箱及其增压子系统、油滤、安全阀、蓄能器、热交换器（散热器）、地面维护接头，以及检测、显示、记录、告警装置，断路器，单向阀等元件组成。图 5. 13 为一个典型液压能源子系统原理图。执行子系统的作用是利用能源子系统所提供的液压能，通过执行元件和控制调节元件进行适当的组合产生所需要的运动，完成工作任务。飞机上常用的典型执行子系统包括起落架收放系统、机轮刹车控制系统、前轮转弯控制系统、襟翼收放系统、减速板、舱门等的控制系统等。

飞机的液压系统无论组成多么复杂，都是由一些基本的回路组合而成的，这些基本回路根据其功能可以归纳为顺序控制回路（行程控制顺序回路、压力控制顺序回路、时间控制顺序回路等）、速度控制回路（减速回路、增速回路、恒速回路、差动回路等）、方向控制回路（换向回路、锁紧回路）、压力控制回路以及安全回路。

飞机液压系统在设计中虽然经过了多次方案论证和设计计算，但由于设计数据和设计经验的局限性，已设计的液压系统是否能满足飞机预定的性能要求，必须通过各项试验来验证。液压系统试验的种类和内容多种多样，按试验对象可分为元件和附件试验、子系统试验和全系统试验；按试验的内容可分为元件和系统的功能试验、耐久性试验、故障模拟试验（可靠性试验）；按试验目的又可分为成品的鉴定试验和验收试验。对新研制的飞机液压系统的全系统试验需进行液压系统地面模拟器试验、液压系统飞机地面试验和液压系统的飞行试验。

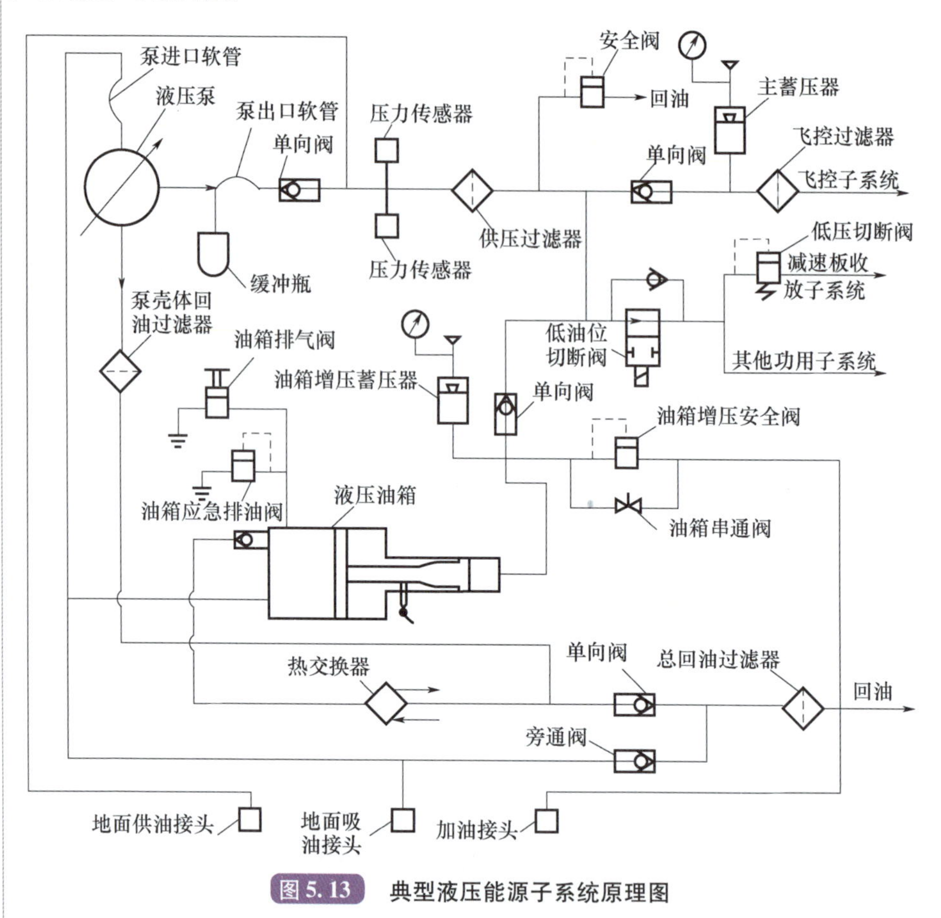

图 5.13 典型液压能源子系统原理图

5.1.3 飞行器的燃油系统

飞机燃油系统的主要功用是储存飞机上所需的燃油，并保证在飞机一切可能的飞行姿态和工作条件下，按照要求的压力和流量连续可靠地向发动机供油。燃油系统的功能包括加油、储油、供油、放油、通气与增压以及测量显示等，此外燃油还可以用来冷却飞机上的其他设备和平衡飞机等。飞机燃油系统的功能和组成如图 5.14 所示。

对燃油系统的一般设计要求是工作可靠、寿命长、安全、重量轻、结构简单、维护方便、控制精确和生产工艺性好。随着喷气式飞机的发展，对燃油系统的要求越来越高，燃油系统的设计已成为飞机设计中的一项重要内容。

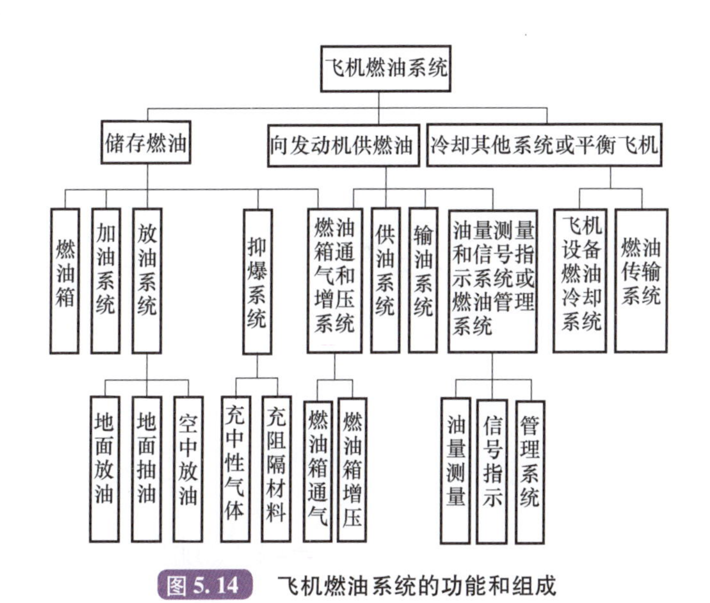

图 5.14 飞机燃油系统的功能和组成

飞机燃油系统的总体设计将飞机的任务目的、任务环境、约束条件和效能度量具体化，然后制定燃油系统若干的典型任务剖面和设计规范，通过审批后使之成为燃油系统的设计依据，并给出各分系统的设计要求。在此基础上形成系统方案的基本设计思想，确定诸如油箱形式及其配置、供油方案、耗油顺序、供油动力、燃油管理装置，以及燃油系统的特殊功能要求等，此外还要考虑通气与增压以及加油与放油的方式，战斗机还需考虑在大过载和失重条件下的供油。同时，要协调、控制各分系统的接口关系，对各分系统的方案进行综合权衡等。图 5.15 为某民用客机燃油系统原理图。

按照飞机燃油系统的功用和要求，其主要工作附件有燃油箱、燃油泵、控制活门、检测元件、油滤以及管路等。

燃油箱布局是飞机总体设计的任务。燃油箱布局对飞机的性能、重心和惯量，对飞机燃油系统的设计，尤其对燃油系统的重量和可靠性有很大的影响，是燃油系统设计的基础。飞机上的燃油大多储存于机翼和机身内的油箱中，尤以机翼油箱为多。有时在飞机上还有外挂的副油箱。布置油箱时首先要考虑飞机的可用容积；此外还要考虑随着燃油的消耗，飞机重心和对称性的变化。燃油箱按其结构特点可分为软油箱、硬油箱和半刚性油箱。

军用飞机在空战和对地攻击时，极易受到敌方武器的攻击而引起油箱的燃烧和爆炸，而在飞机应急着陆与地面撞击和摩擦时也极易引起着火和爆炸，造成飞机和飞行人员的损失与伤亡，所以需要采用油箱燃油抑爆系统。常用的抑爆方式有四种，即充填泡沫、化学剂加泡沫、氮抑爆和化学剂抑爆。

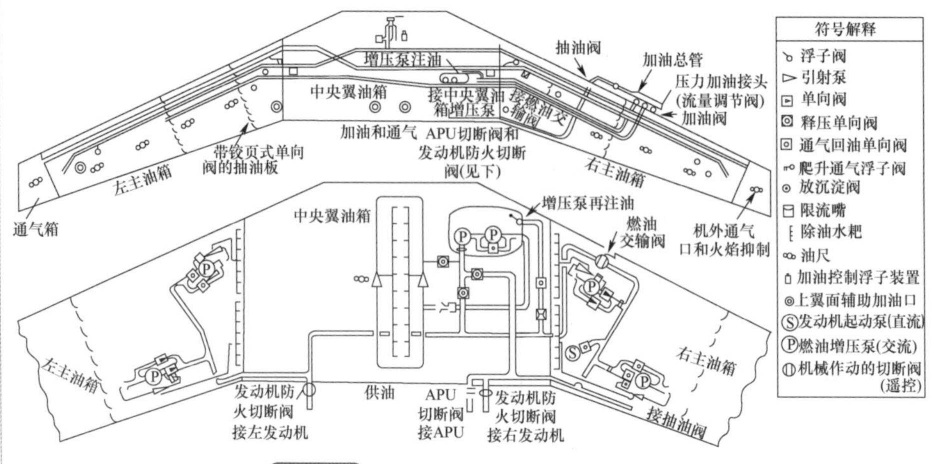

图 5.15 某民用客机燃油系统原理图

供油方案主要由燃油箱数量及其在飞机上的配置和发动机数量及其在飞机上的安装位置所决定。例如，对于机动性大的飞机，因为飞行姿态变化多，为了保证向发动机可靠供油，通常采用的是先将燃油箱中的燃油按一定顺序输入供油箱，再由供油箱将燃油输至发动机，这样有利于减轻重量；旅客机或运输机通常是所有油箱均可直接供油给发动机。飞机的极端条件和机动飞行是考核供油有效性的主要状态。

在飞机的研制过程中，需要对燃油系统进行试验。燃油系统的试验一般包括以下几种。

（1）方案原理性试验。对于影响安全性或全机性能的有关技术参数，对于工程计算的准确性不高或甚至很难进行定量计算的参数，以及成品附件联合工作的协调性等问题的解决，往往需要安排一些局部性的方案原理性试验。方案原理性试验的项目和内容对不同型号的飞机是不同的，是由方案设计中需要解决的具体问题决定的。

（2）地面模拟试验。通过典型的任务剖面，验证燃油系统在飞行全过程中的功能是否符合设计要求；模拟临界的工作条件，校核工作参数的设计计算的准确性；通过试验或模拟特定的情况，发现问题，以便改进设计。因此地面模拟试验已成为验证飞机燃油系统功能必不可少的试验。

（3）机上地面试验。机上地面试验是在至少一架能代表生产型飞机并提交进行飞行试验鉴定的飞机上进行的，以验证燃油系统的地面工作性能。

(4) 飞行试验。飞行试验是在至少一架能代表生产型的飞机上并经机上地面试验合格后进行的，以验证燃油系统的性能。

5.2 教学安排

在飞行器系统设计领域，本科阶段主要学习飞行器系统设计的基本知识，硕士研究生阶段主要学习飞行器系统设计理论并进行飞行器系统设计的理论和技术研究，博士研究生阶段则主要从事新型飞行器系统和飞行器系统设计新理论的研究。

5.2.1 本科阶段相关课程安排

本科阶段与飞行器系统设计相关的专业核心知识点有液体特性、控制系统建模、反馈控制、系统性能、系统设计、机构、系统动力学、质点运动学、质点动力学、结构振动特性等。每个核心知识点包含了若干个知识要素，如流体特性知识点由惯性、黏性、压缩性、膨胀性、表面张力等知识要素构成，又如反馈控制由反馈控制系统组成、闭环控制、开环控制、系统稳定性、稳定性判据等知识要素构成。

除了这些核心知识点外，还有更多的一般性专业知识点，如自适应控制、非线性控制、智能控制、传感器、模拟信号、数字信号、传动、减振降噪等。

同样，一门专业课程会包含多个专业知识点，而某些专业知识点会在多门课程中从不同的角度加以阐述。如飞行器系统设计课程包含了控制系统建模、反馈控制、系统性能、液压系统、操纵系统、燃油系统、飞控系统等多个知识点，而知识点“反馈控制”同时又是控制系统工程和智能控制技术这两门课程的重点内容，前者从一般性的控制系统角度论述反馈控制的原理，而后者将反馈控制作为智能控制的一种途径。

为使学生很好地掌握飞行器系统设计的基本专业知识，根据南航以航空飞行器为主要研究对象的特点，飞行器系统设计方向所安排的专业基础和专业课程如下：

- ● 航空航天概论（1.5 学分）
- ★ 流体力学（3 学分）
- ★ 控制系统工程（3 学分）
- ★ 飞行器系统设计（2.5 学分）
- ● 飞行控制系统（2 学分）
- ● 智能控制技术（2 学分）

- 传感器原理（2 学分）
- 振动分析与测试（2 学分）
- 结构疲劳断裂与可靠性设计（2 学分）
- 飞行器设计中的创造学（1.5 学分）

如前所述，在打★的学位课中，包含了所有的核心知识点，是飞行器设计与工程专业学生必须学好的课程，同时也是今后从事飞行器系统设计工作必不可少的知识基础；其余为专业选修课，以拓展专业知识面，有志于系统设计研究的学生应该选修这些课程。表 5.1 给出了航空飞行器系统设计研究方向的主要研究内容、核心专业知识点和主要课程的关联。

表 5.1 航空飞行器系统设计研究方向的主要研究内容、核心专业知识点和主要课程的关联

<table>
<tr><th>研究内容</th><th>核心专业知识点</th><th colspan="2">主要课程</th></tr>
<tr><td>操纵系统</td><td>操纵系统种类、设计要求、硬式操纵系统、软式操纵系统、传动装置、系统性能分析、系统设计、动力学仿真</td><td rowspan="3">航空航天概论
飞行器系统设计
控制系统工程
飞行器设计中的创造学</td><td>机械设计基础
振动分析与测试</td></tr>
<tr><td>液压系统</td><td>设计要求、流体特性、液压元件与附件、液压泵/阀/马达、液压回路、系统性能分析、系统设计、动态特性仿真</td><td>流体力学
振动分析与测试</td></tr>
<tr><td>燃油系统</td><td>设计要求、燃油特性、燃油系统组成、油箱设计、主要附件与成品件、系统性能分析、系统设计</td><td>流体力学
传感器原理</td></tr>
</table>

5.2.2 主干课程简介

飞行器系统设计方向的主干专业基础和专业课程有流体力学（见 3.2.2 节介绍）、控制系统工程、飞行器系统设计。以下是对后两门学位课程的简单介绍。

1. 控制系统工程

控制系统工程是本专业的一门主要的技术基础课程。本课程的内容主要涉及古典控制论，包括连续线性系统的时域分析法、根轨迹分析法、频域分析法等。其教学任务是使学生掌握自动控制领域的基本概念、基本规律和基础理论，掌握自动控制系统数学模型的建立、系统性能分析的基本方法以及改善系统性能的途径，并具有对简单连续系统进行定性分析、定量估算和初步设计的能力，学会使用控制系统设计工具（如 Matlab 和 Simulink）设计控制器并分析结果，并且了解先进控制技术及其在前沿领域的应用，为后续专业课的学习打下必要的基础。

本课程的先修课程有高等数学、复变函数、积分变换、电工与电子技术基础等。

2. 飞行器系统设计

飞行器系统设计也是飞行器设计与工程专业最主要的三门专业课（总体设计、结构设计、系统设计）之一，主要讲述飞机三大系统的基本理论和重点技术内容，包括飞机飞行操纵和控制系统、飞机液压系统和燃油系统的基本原理、发展概况、重要部件的工作原理与具体实例及其设计和计算，并介绍了现代飞机系统设计的先进思想和技术。

学生通过本课程的学习，可以了解和掌握飞机三大系统的基本组成部分、基本工作原理、典型元件和环节的功能与特点、典型形式的特点及其适用情况，掌握现代飞机系统设计的概念和主要原理方法，并能够对真实飞机的系统进行分析，能够针对系统的设计要求进行形式选择和主要参数优化。

本课程的先修课程有理论力学、流体力学、机械设计基础、电工与电子技术基础、控制系统工程等。

5.3 设计方法与手段

飞行器系统设计目前也正从过去的依赖经验数据、粗略估算和模型试验验证向数字化设计、虚拟试验、动力学仿真和全尺寸实物验证过渡。

由于飞行器的系统都是安装在飞行器的结构上的，飞行器系统设计除了与结构设计要求一样，必须满足强度、刚度和寿命指标下的质量最轻要求外，还要满足不同系统特有的设计要求，如系统动态品质、可靠性、人体工学、安全性等。

5.3.1 半定性、半定量的方案设计

目前飞行器系统的概念设计和方案设计总体上处于半定性半定量的层次。对于不同的系统，设计思想、方法和工具有较大差别。

操纵系统的方案设计主要采用半定性半定量的设计方法。由于在方案设计阶段飞行器的飞行性能和结构还没有完全固定，操纵系统设计所需的输入条件还不完备，操纵系统方案设计时，主要确定系统的组成、操纵方式、操纵能力范围等内容。在这一阶段，设计经验、以往的试验数据、系统组件性能等起着重要作用。

液压系统的方案设计相对而言较多地采用了定量设计。由于液压系统仿真技术相对比较成熟，一旦液压系统搭建后即可进行比较精确的仿真分析，其精确的程度主要取决于液压系统组成的确定性、液压介质特性、液压系统元件/附件/成品件的特性。依据仿真分析结果，对比液压系统设计要求，根据经验更改液压系统，实现迭代设计。

燃油系统的方案设计主要确定燃油系统的组织结构和功能，主要采用经验和半经验的设计方法。随着设计条件和要求的不断具体化，设计参数的确定越来越多地采用定量方法。

5.3.2 半物理仿真

半物理仿真又称物理-数学仿真，它将被仿真对象系统的一部分以物理模型的形式引入仿真回路，而其余部分则以数学模型加以描述，然后将仿真对象系统转化为仿真计算模型，如图5.16所示。对于复杂动态系统或实时控制系统常常采用半物理仿真，以提高仿真精度。

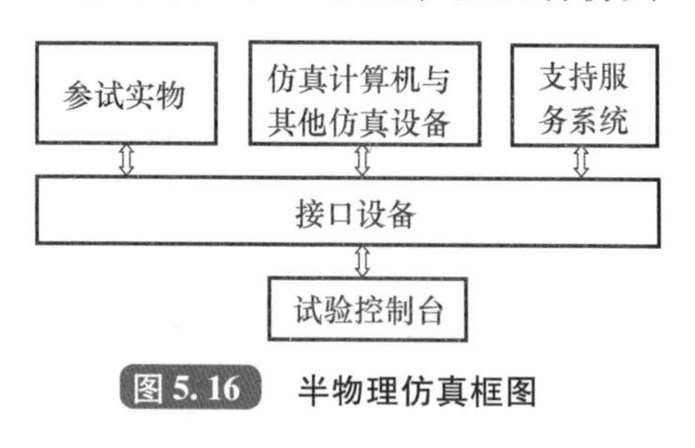

图5.16 半物理仿真框图

半物理仿真系统的数学模型是那些物理规律清楚、数学模型表达比较精确可靠的被仿真对象，而影响因素多且不太容易被数学模型化的部分则直接采用物理模型。相对于物理试验，半物理仿真可大大简化试验系统，大幅节省时间和费用；相对于全数值仿真，半物理仿真具有极高的精度和可信度。

5.3.3 虚拟设计与动力学仿真

飞行器的虚拟设计以三维几何设计和性能分析软件为工具，实时地、并行地进行飞行器的参数化设计，同时对飞行器的性能及影响其性能的因素进行分析预测。飞行器的机载系统由于其空间布置、运动轨迹、控制规律、物理量变化等参数在飞行器的工作过程中不断变化，相比于总体设计和结构设计，采用虚拟设计更符合飞行器系统设计的特点，因此目前已得到越来越多的采用。图5.17为液压管路空间布置设计的三维数字化设计图。

在飞行器型号设计过程中，通常要先建立一个在结构上全功能的物理样机来检验各部件的性能以及部件间的相容性，并通过对物理样机的试验测试，对原设计方案进行修改和确定。而虚拟样机是建立在计算机上的原型系统或子系统模型，它可用精确逼真的数字模型（包括几何外形、传动和连接关系、物理特性、动力学和运动学特性等）表示物理样机的各个部分、各个部件以及整个原型样机，在一定程度上具有与物理样机相当的功能真实度，如图5.18所示。在设计过程中，利用虚拟样机代替物理样机来对候选设计的各种特性进行测试和评价，可以达到缩短设计时间、节省研制资金、提高设计质量的目的。

图5.17 液压管路空间布置设计的三维数字化设计图

基于虚拟样机进行的飞行器系统性能的分析、预测和评估被称为动力学仿真。飞行器系统的研制是一项高投入、高技术、知识密集的工程，其研制过程中面临许多技术难题，特别是一些新的关键技术和试验项目能否达到预期的目标，用全尺寸试验来验证往往代价太大，用虚拟动力学仿真则可提供必要的技术支持。

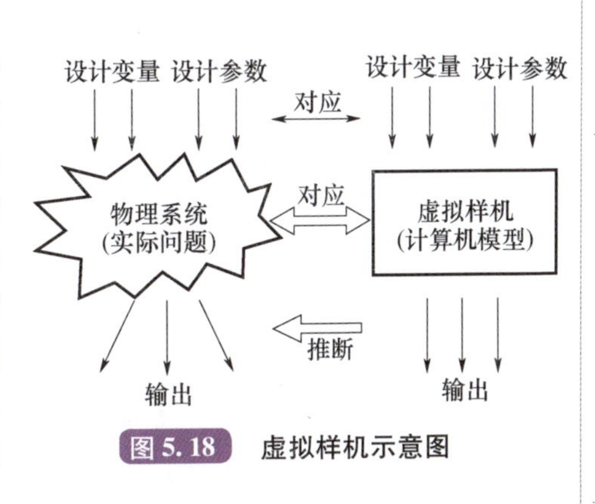

图5.18 虚拟样机示意图

飞行器机载系统的研制通常要经历技术指标拟定、方案设计、详细设计、试制、地面验证试验和飞行试验验证等阶段，虚拟样机与动力学仿真技术可以贯穿整个研制过程。

仿真过程是一个收集和累积信息的过程，对于飞行器的机载系统，有些物理问题，特别是含不确定因素的物理问题，往往难以建立物理和数学模型，虚拟样机就可以很好地模拟物理问题。通过动力学仿真，可以暴露原系统设计中隐藏的一些缺陷，还能启发新思想或/和产生新策略。当然，每一次动力学仿真计算的结果只是物理问题的一个特解，而非通解，因此需要进行很多次的仿真计算。另外虚拟样机和动力学仿真的精度取决于对于物理问题的理解。

5.4 南航在系统设计方向的特色

南京航空航天大学在飞行器机载系统，特别是航空器机载系统方向的研究有一些特色，飞行器起落装置设计技术和无人机发射/回收技术等方面的研究成果和试验条件处于国内先进水平。

5.4.1 飞行器起落装置设计

起落装置是飞行器重要的机载部件，对飞行器安全的起降过程担负着极其重要的使命。我国在飞行器起落装置技术领域长期以引进、仿制和对外合作为主，而关键技术遭国外严格限制和封锁，使得我国起落装置技术水平比较落后，严重制约了我国飞行器的研发能力。发展我国新型战机、舰载机、直升机和航天探测着陆器等航空航天飞行器急需解决起落装置缓冲与收放、前轮操纵与减摆、构型设计、弹射起飞与着舰拦阻、试验研究等五个方面存在的诸多关键技术问题。

飞行器设计学科专业围绕发展我国新型飞机、直升机和航天探测着陆器等航空航天飞行器急需解决的起落装置综合设计和试验等关键技术问题开展研究工作，取得的主要研究成果有：① 建立了飞行器起落装置缓冲系统和三维收放机构一体化设计方法，解决了强非线性双腔、双阻尼缓冲器和多自由度收放系统多学科设计技术难题；② 提出了两种新的前轮转弯操纵机构，解决了减小机构体积和提高机构传动平顺度等技术难题；③ 建立了弹射机构与前起落架一体化设计方法，实现了舰载机弹射机构与突伸系统的构型统一，并达到了舰载机前起增重小于4%的设计要求；④ 提出了一种集压紧装置和锁定装置于一体的行星际着陆器新构型。上述研究成果已经在多个飞机型号、月球着陆器等航空航天型号工程和型号预研的起落装置研制中得到了应用。飞行器起落装置部分试验设备如图 5.19 所示。

5.4.2 无人机起飞和回收

飞行器设计学科专业在无人驾驶飞行器发射与回收技术方面优势比较明显，研发了车载滑跑助飞技术、液压冷气弹射技术、双发火箭助推发射技术、轮式起落架滑跑起飞技术、无人驾驶飞行器多机箱式发射技术、滑撬加拦阻网回收技术、轮式起落架自动着陆技术、伞加气囊缓冲回收技术、撞网回收技术和迫降回收技术等。其中液压冷气弹射技术、双发火箭助推发射技术、轮式起落架滑跑起飞和自动着陆技术、多机箱式发射技术等多项技术均为国内首创，技术的应用范围广，从低速到高速、从小吨位到大吨位的无人驾驶飞行器均有成功应用；还开展了无人驾驶飞行器电磁发射技术和精确引导、自动回收技术等的理论和应用研究。部分无人机起飞与回收方法如图 5.20 所示。

(a)

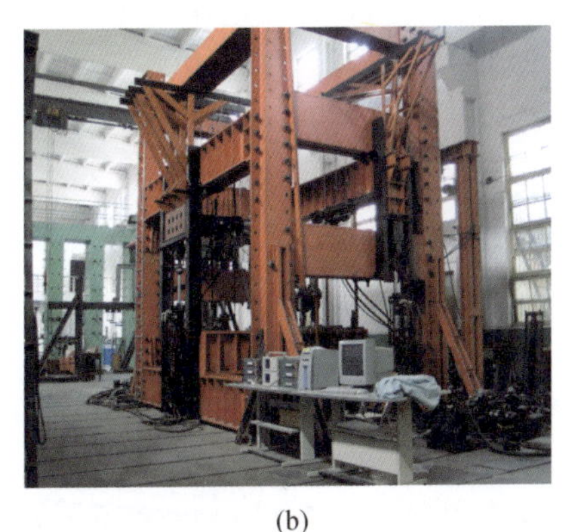
(b)

图 5.19　飞行器起落装置部分试验设备

(a) 起落架机构多功能试验台；(b) 起落架静力、疲劳试验台。

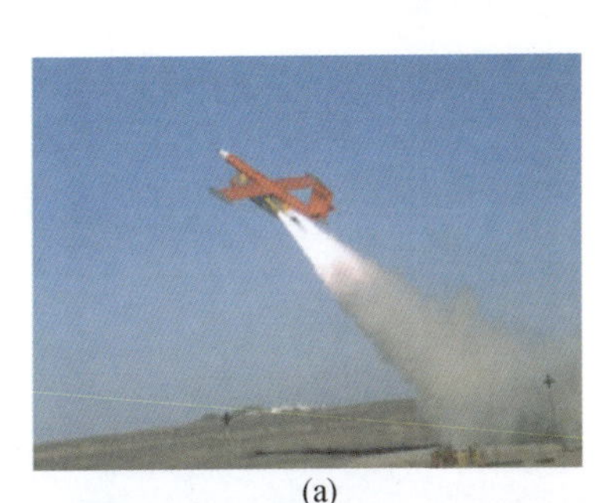
(a)

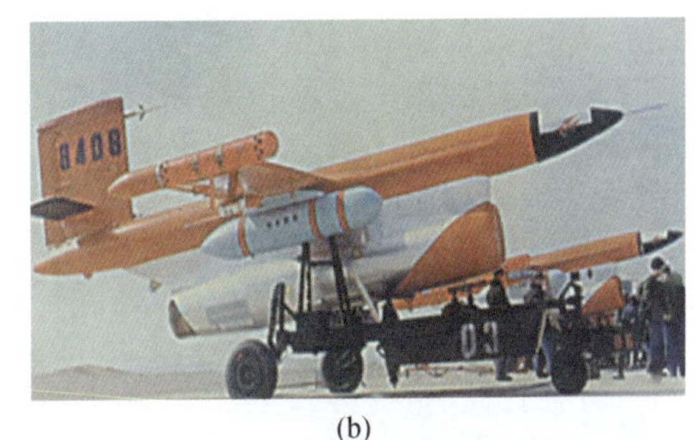
(b)

(c)

(d)

图 5.20　部分无人机起飞与回收方式

(a) 火箭助推发射起飞；(b) 车载滑跑助飞；(c) 冷却弹射起飞；(d) 拦阻网回收。

5.5 发展趋势

5.5.1 系统综合

现代飞行器中，有人驾驶飞机的机载系统最为复杂，它涉及多种能源和热源、多种控制、不同功能，如其能源包括电、液压、冷气、机械等，这些能源在使用转换过程中会产生热损耗；又如为实现不同的系统功能，需要采用不同的控制原理、方式、执行器件/零部件等。以往的系统设计以功能为中心，配置相应的能源、控制、执行器件/零部件，导致了机载系统存在集成化程度低、可靠性不高等问题。随着信息技术、控制技术、电子技术等学科的发展，机载系统设计正在向高度综合集成化的方向发展，进行机载系统的能源综合、机电综合、控制综合、功能综合，以实现机载系统能源、控制、功能、物理的一体化。目前，已经提出了多电飞机和全电飞机的概念，这是实现机载系统一体化的可行途径。如三代以后的战斗机均已采用了电传操纵，不久的未来电传操纵系统将与火控、推力以及导航系统交联，实现多模式的综合控制。大铰链力矩电动舵机将取代液压舵机，使电传操纵系统全部电气化，实现全电传操纵。全电飞机是一种以电能取代液压、冷气和机械能的飞机，即所有机载系统的能源都采用电能。因为实现全电飞机要涉及相互交联的多个子系统，过于复杂，因此目前有的飞机只是由电能部分取代了其他的能源，这种飞机称为多电飞机。

5.5.2 新理论、新方法和新技术

飞行器机载系统涉及的学科专业知识面宽，综合性强，也是新理论、新方法和新技术不断涌现的领域。

综合设计技术是机载系统设计的一个重点方向，实现机载系统能源、控制、功能、物理的一体化不仅需要有足够的单一能源（如电能）供给和电驱动作动器，还要有与之相适应的一体化设计思想、理论与方法，包括多学科综合优化设计理论与方法、能量与热量管理技术、余度控制和可靠性控制理论与方法、数字化设计技术等。

机载系统的智能化自主管理和可靠性技术将是系统设计发展的一个重要内容，借助于传感器、信号传输、状态判别、控制手段等技术的进步，机载系统目前需要驾驶员或地面遥控人员监视/操作的一些动作将可由系统自主地操作完成。

机载系统元器件小型化、多功能集成将导致系统革命性变化和设计理论与方法的改变。

5.5.3 新手段

与飞行器设计的其他方向一样，飞行器系统设计的新手段也是全面系统地采用CAD/CAE，并引入知识工程（KBE）。定性设计不断地被定量设计所替代，大多数实物试验被虚拟试验所取代，虚拟设计和动力学仿真将成为机载系统设计的主要方式。

参考文献

[1] 中华人民共和国教育部. 学位授予和人才培养学科目录（2011 年）. http：//www. chinadegrees. cn/xwyyjsjyxx/sy /glmd/272726. shtml

[2] 中华人民共和国教育部. 普通高等学校本科专业目录（2012 年）. http：//www. cdgdc. edu. cn/xwyyjsjyxx/xwsytjxx/xk/ xkzyml/276559. shtml

[3]《飞机设计手册》总编委会. 飞机设计手册 第 4 册：军用飞机总体设计 [M]. 北京：航空工业出版社，2003.

[4]《飞机设计手册》总编委会. 飞机设计手册 第 5 册：民用飞机总体设计 [M]. 北京：航空工业出版社，2003.

[5]《飞机设计手册》总编委会. 飞机设计手册 第 10 册：结构设计 [M]. 北京：航空工业出版社，2003.

[6]《飞机设计手册》总编委会. 飞机设计手册 第 12 册：飞行控制（操纵）系统和液压气泵系统设计 [M]. 北京：航空工业出版社，2003.

[7]《飞机设计手册》总编委会. 飞机设计手册 第 13 册：动力装置系统设计 [M]. 北京：航空工业出版社，2003.

[8]《飞机设计手册》总编委会. 飞机设计手册 第 14 册：起飞着陆系统设计 [M]. 北京：航空工业出版社，2003.

[9] 余雄庆，徐惠民，昂海松. 飞机总体设计 [M]. 北京：航空工业出版社，2000.

[10] 王志瑾，姚卫星. 飞机结构设计 [M]. 北京：国防工业出版社，2007.

[11] Житомирский Г. И. Конструкция самолётов. [M]. Машиностроение，1995. 416 с.

[12] 郦正能. 飞机部件与系统设计 [M]. 北京：北京航空航天大学出版社，2006.

内容简介

本书面向飞行器设计与工程专业本科一年级学生，介绍飞行器的定义与分类、专业研究对象、专业的作用和地位、专业的历史沿革等概况，阐述了专业能力要求、素质要求、培养目标、课程安排等专业知识体系，同时介绍了飞行器设计与工程专业的总体设计、结构设计和系统设计三个主要研究方向的范畴、教学安排、设计方法和手段、南京航天航空大学特色以及发展趋势。

本书可作为飞行器设计与工程专业的教科书，也可供从事飞行器设计工作的有关工程技术人员参考，亦可作为希望了解飞行器设计与工程专业的高考学生和家长的阅读材料。